室内设计师.13
INTERIOR DESIGNER

编委会主任　崔恺
编委会副主任　胡永旭

学术顾问　周家斌

编委会委员
王明贤　王琼　王澍　叶铮　吕品晶　刘家琨　吴长福　余平　沈立东　沈雷　汤桦　张雷
孟建民　陈耀光　郑曙旸　姜峰　赵毓玲　钱强　高超一　崔华峰　登琨艳　谢江

海外编委
方海　方振宁　陆宇星　周静敏　黄晓江

主编　徐纺
艺术顾问　陈飞波

责任编辑　徐明怡　李威
责任校对　李品一
美术编辑　朱涛
特约摄影　胡文杰

广告经营许可证号　京海工商广字第0362号
协作网络　ABBS 建筑论坛 www.abbs.com.cn

图书在版编目(CIP)数据

室内设计师.13/《室内设计师》编委会编.- 北京：
中国建筑工业出版社，2008
ISBN 978-7-112-10351-5

Ⅰ.室… Ⅱ.室… Ⅲ.室内设计－丛刊 Ⅳ.TU238-55

中国版本图书馆CIP数据核字(2008)第142082号

室内设计师　13
《室内设计师》编委会　编
电子邮箱：ider.2006@yahoo.com.cn

中国建筑工业出版社出版、发行
各地新华书店、建筑书店 经销
恒美印务（广州）有限公司 制版、印刷

开本：965×1270 毫米　1/16　印张：10　字数：400千字
2008年10月第一版　2008年10月第一次印刷
定价：30.00元
ISBN978-7-112-10351-5
　　　(17154)
版权所有　翻印必究
如有印装质量问题，可寄本社退换
（邮政编码：100037）

CONTENTS VOL.13

热点	距离,有多远——中国室内设计谈	王受之	4
解读	韩美林艺术馆,北京		7
	印·园 韩美林艺术馆(北京)建筑创作	崔恺 吴斌	8
	磨·和 韩美林艺术馆(北京)室内设计		14
	国家游泳中心"水立方"		20
	老建筑再生利用:马德里 Caixa Forum 文化中心	许丹	26
论坛	桥本夕纪夫:创意融于传统流行间		40
对话	设计的反思与批判		44
实录	超现实的 UNA 酒店		50
	吉隆坡玛雅酒店		55
	开普敦艺术酒店:长腿爸爸酒店		62
	混搭风格的纽约 41 号酒店		68
	小磨坊旅馆		72
	皇家驿栈:京城帝王梦		76
	成都香格里拉酒店		82
	兰会所·上海		90
	名瑶会		98
	I.V.V.		106
	伊莱克斯创意空间		110
	江湾体育中心		116
照明	AmbiScene:探索商业价值的照明哲学		118
手记	蜂窝的故事之[蓝屏时间]	林屹峰	120
教育	《设计素描》课程教学	王琼 徐莹 等	122
	厂房改建:一个主题式教学课程的全记录	周潮	127
感悟	震后杂感	刘家琨	130
	思考建筑	董春方	130
	创造活力空间	杨雨遥	131
	流行的流行说法	张晓莹	131
场外	姜峰的"理智与情感"		132
	姜峰的一天		134
纪行	一切尽在迪拜		138
事件	快城快客:2008 上海双年展		146
链接	简生活:2008 秋季巴黎家居装饰博览会		150
	ACME 与安东尼·高迪		152

热点

距离，有多远
中国室内设计谈

撰文 | 王受之

中国建筑在进入21世纪后逐步成为世界上最受关注的建筑现场，越来越多的建筑事件积聚起能够激发社会反响的巨大能量。而随着中国建筑业的快速发展，中国室内设计界也步履蹒跚走过三十余载，虽无惊雷之势，却亦繁华一片。但在这片繁荣景象之后，究竟何为真正的中国室内设计？中国室内设计与国外室内设计的差距在哪里？中国室内设计的顽症又在哪里？这一系列典型问题令我们有必要在此对其进行部分的总结与回顾。

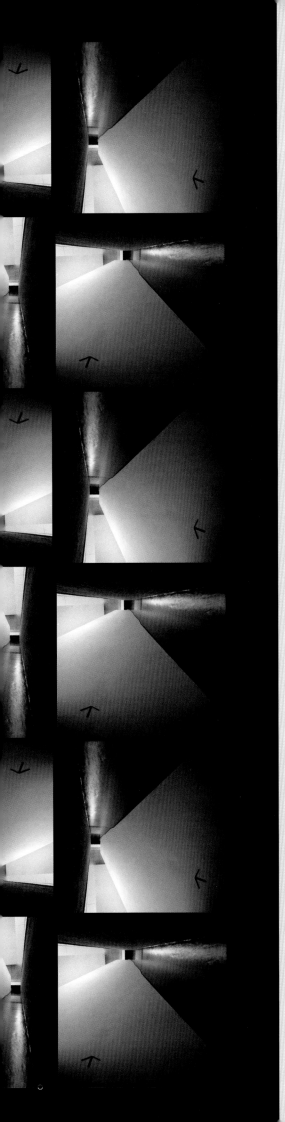

我们平时说一个室内设计"好"、"不怎样"、"很差",仅仅是个很笼统的说法和评价,很难说得准确,因为室内设计关系到的因素多,不是仅仅一个"好"就可以说清楚的。室内设计有自己的最基本的功能标准,尺寸、空间、照明、空调、采光是硬指标,开放改革以前,是清一色的照国家建委颁布的标准来做,改革开发几十年来,这个未必正确的划一标准被打破了,室内设计师有更多的自由空间发挥,但是正是因为没有一个"度",除了比较好的设计事务所能够把握住这个标准,而发挥自己的演绎能力之外,好多好多的设计,还是连这个"度"都没有达到的。就拿昆明这个旅游资源堪称全国最优秀的城市来说,能够算得上五星级的酒店就两家,我都住过。翠湖旁边一家,据说是顶级的,然而无论是餐饮、酒吧咖啡座还是客房的设计,就这个可以量化的标准都够不上。上海老牌的锦江饭店旧楼,客房浴室的照明远远低于星级酒店的标准要求。走遍全国,我们自己设计的星级酒店在可以量化的功能标准上能够达到国际要求的居然不多。相比起来,我在美洲、欧洲、澳洲见到的同类酒店,虽然豪华程度可能都不如国内这些酒店,但是功能标准舒适,也符合国际习惯。我自己也苦恼:回到昔日的建委统一标准肯定不行,但是这种缺乏约定俗成的量化的情况恐怕也不能够延续下去了。

国内的大酒店室内设计,最令人困惑的有两个问题,一个是电器开关的布局设计很混乱。所谓开关系统设计,其实是属于"界面"设计范畴,好像电脑的界面一样,你用惯了微软的 XP 界面,再用新的 VISTA 界面,肯定不习惯,入房开灯、大灯、床灯、阅读灯、夜灯、落地灯、台灯、浴室的几个灯、走廊灯、电视和影像开关,一大堆,每个酒店的设计都不同,我入住酒店,总要花上好多时间去弄清楚这些灯光系统,就算是顶级的酒店,比如丽江的悦榕庄,晚上半夜想起来上洗手间,找灯的开关基本成了一个冒险探索。还有一个约定俗成,或者应该约定俗成的问题,就是浴室的开关。要开热水是顺时针还是逆时针,往前拉开还是往后推开,永远弄不清楚,给冷水激了一头、给热水烫了身体是经常的事情,因此我有时候为了避免尴尬,干脆选择住习惯的西方连锁酒店,好像这个月在北京就住刚刚为奥运开的美国万豪酒店(Marriott, Beijing City Wall),里面的配置国际标准化,也就是量化水平高。这一点看来很简单,事实上国内基本大部分设计连这个都没有达到。问题是体制性的:西方大的酒店集团总是委托某个设计公司设计室内,常年如此,约定俗成的标准也就成了整个酒店业设计大家所遵循的标准,而我们的情况是缺乏系统设计,设计师各出其谋、各出花招、争奇斗艳,结果是

室内应该标准的都不标准,缺乏量化评估的尺度,功能就差了。

三年前我去北欧考察,从芬兰到丹麦、瑞典,都是住的斯堪的纳维亚航空公司酒店,简称 SAS,他们的这类量化的标准做得真好。去年瑞典的沃尔沃汽车请我去北京参加一款新车推出仪式,住在北京的 SAS,赫然发现他们的北欧标准也准确地用在中国,舒适、自然、方便,是中国室内设计界很缺乏的。

因此,要我说中国室内设计,我总是从这种约定俗成的量化标准看起,无论有多少创意,有多少艺术成分,不好用的室内不是好的室内。小到酒店里的洗手间,大到国家图书馆、首都博物馆,我都这样地去看,除了本身功能定位为"纪念碑"的建筑物外(好像那个大而无用的千禧坛这类东西)外,我还是很老土地用建筑功能来评定室内的优劣为主的。

自然,在量化的国际室内标准达到之后,创意的设计就成了主要的评定高低的焦点了。我遗憾的是国内无数的室内设计奖往往是以偏向审美的创意设计为主,对基本的功能、量化的国际标准会忽视,在我自己看来,就有点恶搞和误导了。

室内设计的另外一个评价标准则是无法量化的,创意具有强烈的审美元素,风格、设计师的个人演绎和诠释都非常重要,这方面似乎很难走捷径,完全和设计师的个人功力、文化积淀有密切的关系,跨越很难。这个方面似乎没有绝对标准,完全看眼界而定,但是好与不好,似乎也有一种约定俗成的标准,虽然不精确,但是还是有趋同的水平基础的。

室内设计强调艺术创意在国内特别突出,有时候好像压倒第一类型的量化标准一样。现在的创意作品争奇斗艳、眼花缭乱,但是看完之后,有深刻印象的实在不多。十多年来,好像也看了不少好的作品,但是今天坐下来想想,脑子里如果不去梳理、不借用资料的引导,我这十年内的设计项目还记得多少呢?我自然认为自己对国内的室内设计有偏见,否则为什么一些精彩的外国室内设计能够一直记忆得那么清晰,而对大部分国内的设计却印象淡漠,虽然当时还是觉得不错。回忆这些年我见过的印象最深刻的室内项目,看看哪些自己还记得起来,倒是很有意思的一个挑战。我记忆中的基本分成了几个部分:第一类型的是具有建筑试验性的室内项目,好像弗兰克·盖里(Frank Gehry)设计的洛杉矶迪斯尼音乐中心的室内和他在西班牙毕尔巴鄂设计的古根海姆博物馆的室内,那些室内可以说完全是建筑上解构主义的延伸,很流畅和自然,那音乐厅的管风琴好似一堆木条一样,音响非常精彩,这

种建筑和室内融为一体的设计事实上不多见，解构主义比较特别，与其说是功能性建筑，还不如说是纪念碑型的建筑比较接近，室内也就是纪念碑型的延伸；这类建筑延伸的室内设计，也有新现代主义的，好像理查德·迈耶（Richard Meier）设计的保罗·盖地艺术中心（Paul Getty Center），他那种从勒·柯布西耶白色极限主义延伸出来的纯粹无所不在，室内也是简单到只见空间，不见装饰，虽然空洞，却也纯粹，不太感到做作，更没有目前我看到国内某些建筑师、室内设计师走的"类柯布"设计的张扬，事实上底气虚弱。

第二类型的室内设计，是不考虑建筑形式而创造的室内空间，把室内当作艺术品来做，好像法国设计师菲利普·斯塔克设计的香港半岛酒店28层的Felix餐厅，也有十多年了，新奇、刺激感官，时尚而昂贵，却未必舒适。

我看国内的室内设计，走可以量化的国际标准化道路的人其实很少，因为不容易出新奇的效果。国内目前走建筑风格延伸或脱离建筑风格另外独创这两条途径的的人都不少，其中建筑风格派大部分本身就是建筑师，兼做室内，因此容易一气贯通。后者多是学美术出身的，希望拿室内空间做架上艺术，背景的折射很清晰。

我记忆中的外国优秀设计，事实上有一类是走民族和现代结合道路的，这种结合不仅仅是拿民族的建筑、室内符号拼贴，而更加注重空间民族感的应用，民族家具的应用，综合民族现代感的打造。比如巴厘岛、普吉岛、清迈的东南亚风格酒店，从传统的马来民宅出发，结合自然环境，设计出很纯粹的东南亚居住形态来。在北欧住的几个酒店，包括我上面提到过的SAS，设计中穿透一种深入骨髓的北欧设计气质，功能好、形式好，不张扬，那种设计的优秀感就从看来平实的室内渗透出来，这种感觉是我在国内室内项目中比较少见到的。如果说我们的民族现代室内有发展，就我看过的项目来说，基本还是处在比较初级的阶段，大器晚成，恐怕还需要一段比较长的心态稳定的发展阶段。

我去年在洛杉矶，因为工作关系，去圣塔莫尼卡的查尔斯·摩尔的建筑设计事务所开会，看见他们在设计美国驻德国大使馆的项目，从规划、建筑到室内和景观，一气呵成、流畅通顺，而我们国内目前能够达到这样的水平的作品却很少见。建筑师做室内，室内感不足，除了空泛的现代主义建筑语汇之外，好的办法不多；而美术出身的室内设计师，则更多的是堆砌各种室内产品，用符号说话，而忽视了用空间说话的基本要求。这两类设计在国内比较多见，如果说高低，我自己的感觉是国内室内设计界虽然在20多年内取得很大的进步，但是和外国最好的设计比还存在很大的差距，并因为已经超越了初级的空间处理、功能适应的阶段，到了比较难以量化的审美处理阶段，要跨越这个阶段，和国际一流的室内设计接轨，恐怕时间需要很长啊！

中国大，设计绝对不可能有一个普遍性的标准，反观国内室内设计领域的水平也参差不齐。上海、杭州、北京、广州、深圳、重庆可以列为第一类，其他二、三线城市则可以视为第二类的。第一类的几个城市中，广州、深圳成熟，但是因为文化积淀浅，受香港影响过大，因此艳俗的多，品格超群的少；北京大气，泱泱大国气度有余，而质量水平缺缺，北京是概念之都，除了境外设计的作品达到国际水平之外，自己设计的作品大多数是概念优秀，功能欠缺，质量差强人意，奇怪的是北京人好像也不觉得，习惯了；上海在这些城市之中是西方传统最深厚的地方，设计优秀得多，文化感也强，也足够国际化，如果说有不足之处，就在于过于娴熟，过于熟悉国际化，而往往在民族创意性上显得很浅薄，而上海最大的困难，是在于境外、国外的好设计师太多，他们设计力量强，并且和国际水平完全接轨，这种状况，使得上海室内设计师在创造的同时，也面临了国际设计群体的压力，要脱颖而出比其他城市更加困难；重庆成为中心城市的历史短，急起直追，但是离开国际化的水平还有距离，更莫谈创意的独特性了。在众多的城市中，杭州是人文荟萃之地，和国际化的上海不远，却也有距离，加上城市自然、历史氛围浓郁，以及民营企业的快速发展，营造了一种全国少见的室内氛围，因此好的作品比较多，整体设计水平也比较高。从我自己的角度来看，我的评价是：国内目前的室内设计师整体水平，杭州可以列为第一位，上海第二，北京概念领先，广州、深圳国际水平不错，港风较浓，而其他城市只能逐步从学习这些第一类的大城市的设计中前进了。

外国设计事务所在中国的作用是巨大的，他们不但设计了好多好项目，并且也提供了一个我们在国内了解国际化设计的平台。现在国内不少的室内设计都做得不错，但是追根溯源，真正是本土设计师做的却不多。云南丽江的悦榕庄，美轮美奂，我去住的时候，是每人一栋青瓦青砖的民族风格的小楼，站在院子里能看得见玉龙雪山，关门后都可以素面朝天躺在SPA里面，抬头就是星光闪烁的夜空，那个项目设计实在好，建筑和室内是新加坡的Bayan Tree集团设计的。

中国室内设计方兴未艾，20多年走了西方人100多年的路，高速之中自然有不足之处，时间是可以弥补和提高的。我是期待着看下一个20年的成就，坚信我们的室内设计会迅速达到国际高度的。

解读

韩美林艺术馆,北京
HAN MEILIN ART MUSEUM

2008年6月25号韩美林艺术馆在北京举行了盛大的竣工和开馆仪式。

本工程位于北京通州区梨园镇文化公园内,建设设计由中国建筑设计研究院崔愷主持,室内设计由杭州典尚设计公司陈耀光主持。

设计开始于2006年的10月,本来预期是在2007年4月份竣工开馆,而实际竣工完成则是在2008年6月。由于该项目的重要性、多元性和复杂性导致工期拖延一年多。另外建筑设计对工程施工工艺的高质量要求、方案的不断调整和完善、还有各个工种设备及室内外的综合衔接等因素,也是工程不能如期竣工的原因。该项目为一个艺术家捐助作品、政府投资建造的项目,真正意义上代表业主的审核者是韩美林先生。可以想像,一个艺术家对展示空间的唯美至极的要求及个人艺术视角对空间的理解,和建筑、室内设计的专业视点肯定会存在理解上的差异,建筑、室内、展陈,艺术家和设计师对空间的理解都将带有原来各自非常自我的经验,很难不产生碰撞与磨合。当然,该项目在北京的特殊影响,所有国家级的高等院校、国内艺术界、展览界各个领域的专家权威阶段性的论证和顾问,也使得这个项目为了达到理想作品的目标始终在否定、调整、再否定、再调整,所有参加该项目的管理者、设计者、建设者、实施者经历了一个又一个难忘的日日夜夜……

如今,当这个饱含着无数人心血的作品呈现给世人的时候,让我们跟随设计师们的思绪,来回顾设计的过程,分享设计的快乐与遗憾。

解读

印·园
韩美林艺术馆（北京）建筑创作

撰　　文	崔愷、吴斌
摄　　影	张广源

地　　点	北京通州区梨园文化公园
方案设计	崔愷、吴斌、王可尧、施超
设计主持	崔愷
建　　筑	吴斌
结　　构	独莉
给 排 水	付永彬
暖　　通	张亚立
电　　气	张青
总　　图	余晓东
景　　观	李力
用地面积	10000m²
建筑面积	8967m²
设计时间	2004年12月
竣工时间	2008年5月

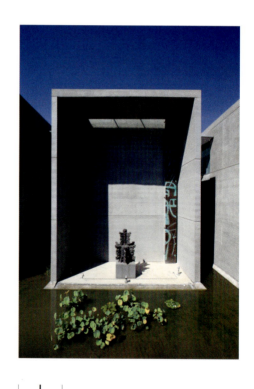

1　水面上的"盒子"
2　灰色主体中穿插红色吊桥

　　韩美林艺术馆位于通州区梨园文化公园内。公园已建成几年，面积不大，但植被良好。园内有一组两层的仿古建筑——戏楼，其南侧为湖面和温室。开放的公园每天都会吸引很多周边的居民前来活动、锻炼、唱戏，颇有生活气息，也为艺术馆提供了足够大的室外活动和展示的空间。沿公园东北一侧是城市高架轻轨，并设有站房——临河里站，为从市区前来参观的人们提供了非常便利的交通条件，同时也为建筑和城市之间的交流带来了机会。

　　艺术馆占地15亩（约10000m²），基本呈方形。相对于近9000m²的建设规模来讲，这块地并不算大，需要充分利用每一寸土地。但把如此规模和体量的建筑放在两层的戏楼旁边，则又显得过大，而且对于参观者来讲，不可能把展厅放在太高的楼层，所以在设计之初我们并没有把建筑往高度方向发展，而是水平铺开，同时在建筑周边设置下沉式水院，将建筑突出地面的高度降低，与戏楼保持接近，从而保持良好的建筑尺度感。围绕建筑的水院如同故宫周围的护城河，既能加强艺术馆的安全性，同时可作为室外展示空间。艺术馆的屋顶与轻轨的高度基本相同，人们可以在轻轨车厢中看到艺术馆的基本面貌。

　　建筑的体量和高度勾勒出艺术馆的一个基本轮廓，这时我们开始思考建筑与艺术家及其作品之间的关系。我们希望建筑能与艺术家的创作特点和作品巧妙地结合起来，建筑的标志性通过作品本身来表达。通过大量分析和研究，我们发现书法和篆刻是艺术家创作的重要部分。因此，将书法和建筑相结合，便成为设计的一条重要线索。经过比较和筛选，最后我们选用"美"字作为艺术馆的平面图案原型，将书法的笔画与建筑的功能空间相对应，因为"美"字既为艺术家名字中的一字，又可理解为美学、艺术之美，兼具写实与抽象的双重特性。而"美"字在平面布局上进一步将大体量的建筑化解为若干小体量的"盒子"，每个"盒子"在尺度和高度上基本接近戏楼，整个建筑便以一种谦逊的姿态与已有建筑保持协调。基地上方是民航航线，飞机经过上空时已经降到几百米的高度，"美"字又为从空中俯瞰艺术馆提供了非常清晰、容易识别和记忆的标志性。

　　"盒子"赋予建筑强烈的体块感、简洁的形体和清晰的线条，平和而内敛。外墙采用朴素的色彩和材料。带木纹的浅灰色清水混凝土，既朴素又自然，粗犷中略带几分细腻。主灰色调与旁边戏楼的灰砖保持一致，而在灰色主体中穿插的红色吊桥和南立面中红色的金属格栅则来自于传统建筑中门窗和柱的色彩。

　　由此，建筑、水院、戏楼、公园融为一个整体。如果我们把整个公园看作是一幅自然山水画，那么艺术馆正好是作画完毕盖的一个印章。印章与画的格局关系对应着艺术馆与公园的格局关系，彼此缺一不可，相得益彰。

　　整个建筑功能比较复杂，包括展览区、生活创作区、制作车间、陶吧、交流演示、内部办公、宿舍区、藏品库房和设备用房等。北侧为制作车间和陶吧，中部为展览区，南侧采光和景观较

好，为生活创作区。展览区分为东西两部分，西侧展览部分共两层，层高6m，展厅之间较为连贯；东侧部分共3层，层高4m，展厅之间相对独立。两部分展览区通过中庭空间中的坡道和桥将不同标高的展厅连接起来。当参观的人们进入公园大门后，经由曲径通幽的引导，再通过长长的吊桥和坡道缓缓进入西侧二层2.000标高的序厅和展厅，参观完之后，沿中庭的坡道上行到4.000标高的东侧展厅，然后观众可以继续上到屋顶平台俯瞰整个公园，也可以下到0.000标高以及-4.000标高的展厅，最后从主入口下方通道进入水院中，参观完室外展览后，从东南角的室外楼梯回到公园地面。

在这样的参观流线组织下，我们希望将空间、展品和流线三者巧妙结合起来，通过空间尺度和比例的变化、方向和背景的转换、场所感的营造等手段来展示艺术家的作品，使得人们在参观的行进过程中有不同的体验和感受。例如，利用东侧三个"盒子"在面对轻轨方向设置三个高大的室外空间，在里面放置大尺度的佛像，人们可以在轻轨车中、公园地面等不同位置和高度欣赏，将建筑的标志性通过作品本身的特点来表达；西侧展厅层高较大，可以容纳大尺度的雕塑和书法绘画作品；东侧展厅层高较小，可以展示小尺度的陶瓷、绘画和民间艺术等；另外，设想将东侧展厅之间的外墙做成落地的大玻璃展柜，在玻璃层板上放置陶瓷等小件艺术品。从一个展厅往另一个展厅望去，展厅空间相互渗透，展品层层叠叠，从而充分表达出艺术家作品数量极多的特点。不过很可惜的是，这个想法后来因与展品的展览方式发生矛盾而取消。在中庭空间中，我们将坡道与旁边的墙体脱开，形成约30cm宽的"一线天"，当人们在坡道上行走时，自然光可以从屋顶洒下来。同样可惜的是，因玻璃栏板有碍于往墙上挂画，只好将光缝堵上，自然光被日光灯所取代。

整个项目从设计到施工完毕，前后历时4年，其中施工花了两年的时间。可以说，为了达到预期的效果，各专业的工程师都付出了非常多的心血。建筑师为了实现纯净的清水混凝土的效果，需要在设计阶段将各种门窗洞口的交接细节考虑周全；结构工程师需要在混凝土墙上将复杂的管线留洞和开口进行准确表达；给排水工程师不仅要实现下沉水院的循环水系统和建筑的排水系统，还要达到水流"来无影去无踪"的效果；暖通工程师需要将地源热泵系统和空调系统、地板辐射采暖系统结合起来，同时空调出风口的布置要与展陈设计相协调；电气工程师在设计之初在不做吊顶的展览空间进行了路由的控制；景观设计师尤其精心地布置水院插瓦的整体形态、选择合适的水生植物以及考虑建筑周边植物的配置等等。

工程施工时间虽然很长，但在施工过程中，由于种种原因，还是出现了很多无法控制的地方。比如，由于刚开始的施工水平和工期的限制，为了赶进度，施工质量无法保证，出现了多处地下室渗水等质量问题，清水混凝土外墙的效果非常糟糕，有很多地方变形跑模。后来换了新的施工总包和监理单位，请来了专门处理渗漏的专家，花了近半年左右的时间进行反复调查和研究，才将渗漏问题顺利解决。对于清水混凝土外墙的处理，业主也邀请了其他艺术家进行了很多次的讨论，甚至曾经一度的要在外面包一层挂板或石材，经过多种样板的实验，效果都不理想，最后还是决定保留清水效果，找来专门的修补公司进行了清洗、局部剔凿修补和色差的调整，才达到现在的效果。当然，很多洞口由于施工质量的原因做的不够直，影响玻璃幕墙的安装精度，使得玻璃幕墙和混凝土的衔接比较粗糙，细部处理不尽人意。另外，方案最初很多有意思的想法在后来的展陈设计讨论中也被取消。比如，吊桥原本可以通过电动控制升起和降落，就像古代城池的吊桥一样，颇有趣味，后来被改为固定桥了；东侧展厅的玻璃幕墙因为与展示方式的冲突，被室内新加的展柜封堵，人们无法看到室外的水院；室内中庭东侧展厅墙体之间的过渡空间也被封上当做展墙，在东侧二层和三层的参观者和中庭坡道上的人也就不能有视线上的交流了。从这些事情中我们认识到，在为艺术家做个人艺术馆时，图纸和方案汇报并不能完全表达建筑的每处空间和细节，真正到了建筑主体落成，在实实在在的空间中布展的时候，艺术家对空间的利用还会存在非常大的调整可能，甚至会改变最初的原始创意。怎么样在设计和沟通中避免这样的情况，是建筑师值得思考的一件事情。

总之，虽然最终艺术馆在建筑和环境品质上的总体效果还可以，但遗憾也不少。不过我们相信，随着时间的流逝和将来用心的经营管理下，建筑和环境的品质会慢慢得以改善，就像一件艺术品一样，需要时间的磨砺和积淀，才会越发具有生命力。■

解读

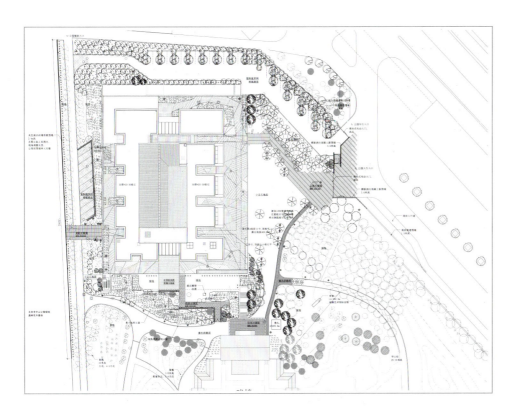

| 1 | 3 |
| 2 | 4 |

1　拾阶而上，戏楼掩映于翠竹绿柳
2　厅、桥与戏楼的呼应
3　总平面图
4　入口

解读

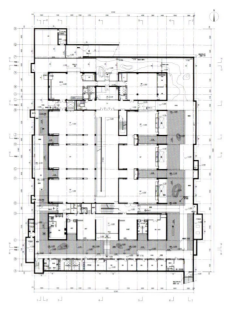
-4.000 标高平面图

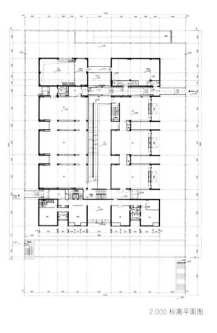
2.000 标高平面图

解读

4.000 标高平面图　　　　　　　　　　8.000 标高平面图

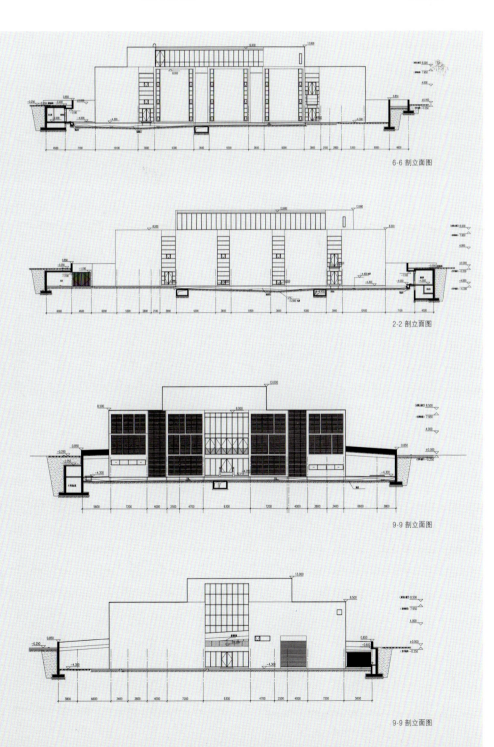

6-6 剖立面图

2-2 剖立面图

9-9 剖立面图

9-9 剖立面图

1	2
3	4
	5

1-2　各楼层平面图
3　室内空间（陈耀光摄）
4　剖立面图
5　登"桥"入室

解读

磨·和
韩美林艺术馆（北京）室内设计

采访 | 西西
摄影 | 陈耀光
设计 | 陈耀光

　　继2005年10月杭州韩美林艺术馆完工对外开放，设计师陈耀光又为艺术大师韩美林设计了第二个更具规模和影响力的个人艺术场馆。两馆一在杭州，一在北京通州，恰在南北大运河的两端。在陈耀光为两个韩美林艺术馆前后长达五年的设计过程中，记录了艺术家与设计师、室内与建筑、空间与展品、现场与图纸、杭州与北京等诸多交流与磨合。

　　本工程建筑面积近10000m²，从空中俯瞰建筑平面酷似一个艺术化的"美"字。建筑主体周边设置了下沉式水院，核心的展览区位于整个建筑的中部。展览空间分为东西两部分，由于韩美林先生的艺术创作种类的广泛，展厅设计成4m和6m两种高低不同的空间。其中，建筑最中心区有一个近12m的采光高厅，它联系着东西两侧的展厅，通过坡道和连廊将所有展厅的交通动线贯穿一体。另外，在屋顶还设置了笔会厅（会议接待）和室外露台。除了展示厅、雕塑厅、国画书法厅、陶瓷厅、卡纸画厅、工艺美术展厅以外，主入口处还设有演示交流厅和纪念品商店。在建筑主体南端有1500m²的生活创作区，共分三层，有书房、画室、餐厅及简单的休息和接待区域，作为韩美林先生的一个相对私人的接待和艺术创作场所。除其他建筑设备、消防安检、地下室库房等功能用房以外，以上各空间均属该项目室内设计的范畴。

　　就像陈耀光其他室内设计项目一样，设计师对建筑设计及展品空间的理解是非常贴切的。在风格形式和材料色彩的运用上，室内设计都做到了在充分尊重建筑原创性的同时，对韩美林的作品及其空间艺术气质做了相对准确的表现和刻画。

　　为了对该项目的设计完成有更深入的了解，我们采访了陈耀光先生。

ID = 室内设计师　　**陈** = 陈耀光

ID 你能谈谈这个作品的在实施过程中的设计亮点或是特点么?

陈 由于近几年近距离且频繁地与韩美林老师交流,对他的创作和生活有一定的了解,我们确定了"宁静、悠远、宽广、大气、东方、民族"的设计定位和设计理念。

本项目经历了将近两年的图纸与现场的往复,我最深的感受是兴奋与疲惫共存,以至于目前来说何谓亮点反而有些模糊了。至于特点,这次我的确有许多与以往不一样的体验。第一,这是我为一个项目在飞机上往返的春秋最多的一次。鉴于韩美林老师在国内外的艺术地位和特殊的影响力,项目的重要性使我常常接到一个电话就要立马放下手头工作,赶往项目第一线,像战士接到命令一样。第二,研讨、论证、专家评比会多,也是该重点工程的特点之一。对外墙立面清水混凝土的肌理和对室内展陈方案一次又一次的论证;对普通照明与专业展示照明的光空间的反复推敲;对整个展示动线指示系统的方案会审,期间不下几十次。我们所有的设计单位都经历了一次从肯定到否定,从否定再到调整的过程,因为反复修改,我们比以往多用了4倍的图纸。有趣的是,有些还是又重新回到了第一轮方案。第三,首次与建筑大师崔恺合作,机会也非常难得。建筑空间本身做得非常有趣味,室内外空间与景观相互透叠与交流,建筑本身即可算是一个非常独立完整的作品。问题是,韩老师对立面玻璃墙体的大面积采光有不同的看法,在后续实施的过程中,这层界面就自然成了我们室内设计师协调建筑与艺术家作品展陈焦点之间关系、平衡自然采光与人造室内光之间矛盾的重点。除此之外,需要协调和平衡的问题还有工程进度、造价控制、验收标准……与业内很多其他项目一样,室内设计很容易被夹在中间做"三明治",相信同行们也都有过类似的感受。由于韩老师他们对我一如既往地像朋友一样的信任,有时反而更成为一种压力,经常会有点束手无策。或许,艺术的个性化以及私人艺术馆的特性,比之公共的大众的展览场所,会要求设计者对艺术家本人的生活及其个性趣味有更深的体验、挖掘,否则经常会产生观点上的矛盾。

ID 我觉得这个环境给人一种非常宁静纯净的室内氛围,你能谈谈你们是怎样达到这样一种效果的。

陈 韩美林老师曾经说过他的一生经历坎坷,在早期经受过许多常人难以想像的挫折和磨难,

1	
2	3

1　入口
2　雕塑展厅
3　陶瓷展厅局部

解读

但是这些没有让他放弃对美好生活的追求。他对我说，他所有的艺术题材和表现形式都是颂扬生命、反映生活情趣、传达积极向上的乐观精神，看不到愁眉苦脸的形态……鉴于此，我想他作品的展示空间也不该暗示艰辛与豪壮，而更应该是平静、从容和内敛的。在空间设计元素上，应控制起伏、把握平静，材料、色彩、肌理及形态次于展品，隐退其后。我做浙江美术馆室内设计时曾谈到，看得见的场所要力争做到看不见的空间设计。艺术观赏是一种情绪交流的活动，在进行这样的活动时，必须有一个非情绪化的欣赏场所。韩老师的艺术馆也一样，具有东方传统和民族特色的艺术作品在静谧的空间氛围中，会闪烁其悠久神秘的感染力。观者可以从空间的各个角度与佛像和天书、书法和雕塑以及夸张变形的动物静静地交流，发人想像是艺术视觉空间的最高境界。佛像是韩老师几十年的创作主题，我们室内设计师必须去营造和体现宁静、淡泊、纯净而富于禅意的意境。建筑设计提供良好的空间关系，为我们室内效果提供了最本质的保障。而当工程到了竣工布展时，韩老师每天也会亲临现场，对每件雕塑、每副书画，从陶瓷摆放到手稿的展陈都一一指点。记得，他常挂在嘴上的一句："我是时间上的穷人，也是空间上的穷人。"所以，展馆内只要有空白的墙面，就一定有他的作品。

ID 材料的运用在这个作品是非常到位和细致的，能具体谈谈吗。

陈 在我的理解中，艺术馆、博物馆、所有的展示场馆空间材料最理想的表现形式应是让所有的材料不太具有表现性。它的意义、它的存在，都应该是为了突出空间的主题——展品所服务的。另外，材料的质感、明度、它的肌理气质应该和这个建筑浑厚坚实的外观浑然一体。韩老师的艺术表现手法以中国传统和东方写意的神韵为主流，所以，在室内材料运用上，我们采用了大量的水泥、木板、钢材、玻璃等，选择那些最能体现自然、生态的朴素且持存感极强的原始质感材料。没有比原石、原木这些本身和大地共同拥有生命年轮的材料用在此地更默契的了。我们在一楼公共大厅和各大区展厅，即便选择的是人造地砖，也尽量挑选那些有自然纹理的，深色沉着的，具有荷载浑厚展台力度的地砖。粗糙的铸铜雕塑以深灰色的光面乳胶漆衬托；色彩绚丽的钧窑陶器则以粗放的水泥制板作为空间背景，这些肌理质感的反差带来了理想视觉的层次感。雕塑展厅那十多米高的佛像的背墙，以表面粗糙的条形小砖整面铺设，在灯光下更显朴质和空灵。所有的展台，

| 1 | 2 | | 4 | 6 |
| 3 | | | 5 | 7 |

1 雕塑走廊局部
2 展台、雕塑与背景
3 工艺美术厅
4 雕塑展厅
5 陶瓷展厅
6 国画展厅入口
7 展厅局部

解读

几乎都为钢制锈板，形态平静而稳健，表面氧化的锈斑同样具有内敛的生命特征。

ID 我们知道这个项目的建筑设计是崔恺，室内设计由陈总您领衔，你们都是设计界的大腕，我们非常想知道在这个项目中，室内设计和建筑设计之间是如何配合和协调的。

陈 在没有合作以前，崔恺就是我比较尊重的一位建筑师。他的作品早已被大家熟知，而他为人以及工作的严谨性在我与他这首次合作中也有幸得见。原本该建筑在方案初期是由崔恺他们自己的室内设计组来配合空间设计的，但与我们的室内设计方案比较后，崔恺老师坦然地表示艺术馆的室内设计由我们杭州典尚设计公司来完成更为合适。这是我对崔恺先生工作作风的第一个印象。在经验中，室内设计师与建筑师的配合往往会有或多或少的问题需要沟通和解决。比较有趣的是，在这个项目上我们的对立和矛盾却很少，反而由于业主在实施过程中不断变化的要求，使我们有些力不从心，尤其是一些功能定位上的变化和设备上的调整。崔恺先生的助理吴斌经常出现在工地，几乎每周的例会，都由他作为建筑设计代表。可能来自于设计大院，他们的工作态度严谨认真。为了使建筑设计的完整性和实施性能达到最佳的效果，他经常与我们室内设计一起研讨并负责诸多方面的整体协调和完善工作。在我组合地面砖材料的时候，崔恺老师在现场也给予了一些中肯的意见，让我得到非常大的启发。由于大家都有长期的实践经验，同时本着出好作品的原则，室内设计与建筑设计人员在合作中都非常谦和并尊重对方，在技术层面上的沟通没有任何障碍。

ID 这个项目的完成度你满意么? 有没有遗憾?

陈 做文化空间设计，尤其是这样的重点工程项目，无论在时间、精力、人力、物力上都要面对比以往任何商业项目更大的挑战，付出的代价也大。同时，做一些知名度大、传播性强的艺术空间，会对设计者今后的发展带来许多推动。方案反复调整太多，时间周期太长是一种考验。由于对作品和空间的理解角度不一样，中途我们的方案也曾经被冻结过。我非常感激的是我的典尚同事们在这个项目的高潮与低潮时都能与我一起坚守，分工、分阶段地从图纸修改到现场服务尽量做到……。这是一个全国最大的个人艺术馆，韩先生又是一位不同凡响的艺术家，建筑又是由崔恺总体主持，还有从政府到地方全方位的关注，在这样一个大背景下来进行室内设计，应该是一份较有挑战的事。如果有些遗憾也是在所难免的。**END**

1	2
	3 4

1 大佛石雕（正在安装和修复中）
2 采光走廊
3-4 楼梯平台

解读

国家游泳中心 "水立方"
NATIONAL AGUATICS CENTER

采　　访	西西
资料提供	中建国际（CCDI）设计集团
地　　点	北京奥林匹克体育公园内
中方设计公司	中建国际（CCDI）设计集团
建筑设计合作公司	PTW Architects
工程合作公司	Ove Arup PYD
总建筑面积	87000m²
设计时间	2003年
竣工时间	2008年

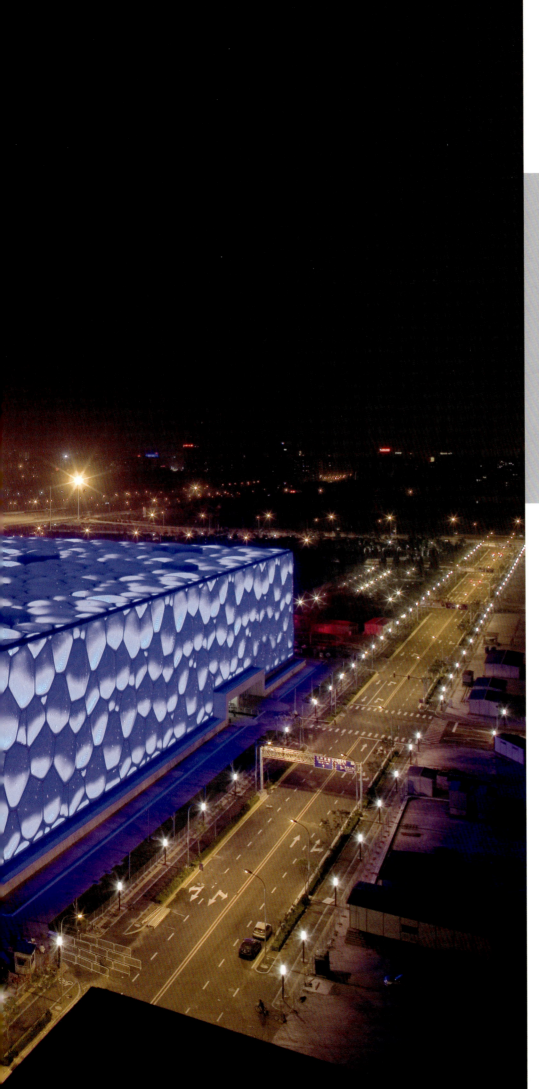
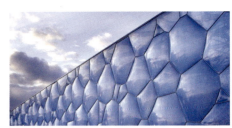

解读

1　俯瞰"水立方"
2　"水立方"的ETFE膜在不同的自然光照射下，会呈现不同色彩
3-4　LED照明为"水立方"带来梦幻般的变化

奥运期间,"水立方"上演了一场又一场精彩的表演。奥运之后,为进一步了解这个梦幻般的高科技建筑,我们采访了CCDI设计集团体育事业部总建筑师郑方和"水立方"的室内设计负责人王敏。

ID= 室内设计师,**郑**= 郑方,**王**= 王敏

ID "水立方"建设过程中,面临的最大挑战是什么?是来自设计还是施工?

郑 这样一个复杂的工程,几乎没有哪些东西是很容易就完成的,方方面面都面临挑战。建设过程中,我们需要同时面对复杂多变的奥运会功能需求、赛后功能需求所带来的种种变化,而膜结构的设计更经历了漫长的过程。我们还需要在建筑空间、结构、幕墙、室内设计和景观等方面,把建筑效果的考虑与高度复杂的工程技术紧密结合在一起,以实现一个清晰而完整的建筑创意。也许,工程技术的高度复杂性和艺术效果的纯粹性怎样融合,算是最大的挑战吧。

ID 这样的一个工程,是否改变了传统的工作方法?最大的不同在哪里?

郑 有很多人的智慧凝聚在这个建筑里面。面对前所未有的结构形式和建筑材料,我们需要集中广泛的科研、顾问团队来协同工作,这些高度综合性的工作对于建筑设计的方法提出新的挑战。而最大的不同还在于,我们有机会在一个单独的建筑物中集中当今世界最顶尖的科研成果和工程技术。

王 设计的过程远远复杂于传统的"画图"过程。由于采用了一定量非常规材料或常规材料的非常规用法,需有大量的实验过程。这期间需对一些主要材料进行1:1试样的制作、多方案比较及进行"视觉测试"后加以判断,如:穿孔树脂板墙面、观众席座椅、三维转角造型、大型永久性家具等等,都是在图纸完成前后经历这样的过程最终定案的。

ID 你认为"水立方"设计的最大特点是什么?

郑 最大的特点当然是水。就是说,关于设计的所有表象和深层内核,均增强了关于水的设计概念。与水相关的建筑功能、冰晶状的结构构成方式、水分子样的立面表现,以至于在室内和景观重复出现的水泡泡的形式,使所有空间的使用者沉浸于水能够给我们带来的快乐情感。

ID 室内设计的出发点是什么?

王 仍然是"水"。仍然离不开水光、水色、水趣。很希望营造一个清新、纯净、童真和梦幻的"水世界"。

ID 能介绍一下"水立方"用的ETFE膜吗?

郑 构成"水立方"皮肤的3000多个不规则的泡泡,是由新型的环保节能材料乙烯-四氟乙烯共聚物膜材(ETFE)制成的气枕,这些内外两层膜组成的气枕大小不一,形状各异,最大的,面积约9m²,最小的不足1m²。膜材的加工制作、铝框架等都在国内完成,每平方米造价和玻璃幕墙相差无几。从目前国外其他建筑应用的情况看,ETFE膜的使用寿命在30年以上,而且维护十分简单,便于清洁。一般建筑物的墙壁,每隔几年还要重新涂刷一次才能保证鲜艳干净,相比之下膜结构清洁保养要省事得多。

ETFE膜能对外界的自然光进行反射,在不同的自然光线照射下,会表现出不同的色彩。比如晴天时"水立方"看起来会是水蓝色,夕阳西下时,它又变成了金黄色,阴天时则变成浅灰色。这种会随天气变幻的特性就好像海水的颜色,建筑也像人一样,带有多变的表情。

ID "水立方"的外立面采用的是水蓝色,为什么室内将白色作为主色调?会有单调感吗?

王 我们觉得白色带来的室内环境会比蓝色更加舒服宜人。蓝色仅被谨慎地用在一些与泳池或其他形式的"水"直接相关的空间,如:比赛大厅、饮水处等等。我们同时在白色空间中小心引入了柔和而又清新的多彩色,用以标识不同的楼层或不同的功能空间。

ID 泡泡图案是"水立方"的标志性图案,那么在室内设计时是否也将其作为一个设计的元素呢?

王 泡泡图案是与钢结构联系在一起的,具有很强的视觉冲击力。在室内设计时如果不是在泡泡屋盖区我们严格杜绝用这一图案,因为图案一旦脱离了结构体系,它就变成纯粹的装饰而失去了深层的意义。

1　圆弧形曲线常出现在室内空间中
2-3　泡泡吧室内
4　"水立方"的钢结构
5　雪色中的"水立方"
6　比赛大厅

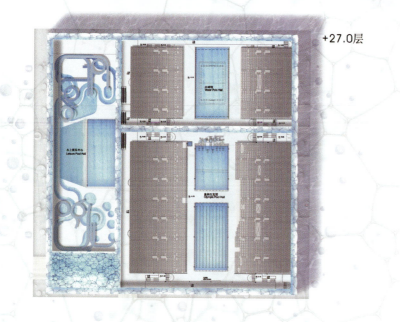

+27.0层

ID 在室内材料选用上你们是怎么考虑的？

王 室内选材我们强调人工的抽象美。在"水立方"内部，除去东南主入口室外景观的延伸部分选用了传统天然硅化汉白玉和鹅卵石之外，唯一所剩的天然材料便是"水"。在这个全人工合成材料环境中，首层公共区域为聚氨酯整体磨石地面；商业街小楼墙面为穿孔千思板外挂体系；场馆各入口大厅及泡泡吧的永久性家具为曲面穿孔GRG外饰树脂涂料。比赛大厅内观众席座椅则是设计团队亲临工厂，现场调配原材料、集半透明特征与阻燃、防紫外线等功能于一身的PC注塑座椅。奥林匹克比赛大厅及热身池大厅内，由于厅堂声学的要求，大量采用了穿孔蜂窝铝板外挂系统，同时在临时坐席区域采用了玻璃纤维板临时吸声吊顶以优化大厅内相应声学指标。

+10.8层

ID 我们知道现在很多大型的体育设施里面都设置了一些服务性设施，比如"水立方"里面有商业街，有泡泡吧，这是否意味着对使用者的更多关怀，意味着我们的设计更人性化？

郑 它不仅仅是一个体育设施，而更多的会成为一个集中了很多活动的城市综合体或者公共中心。对于使用者的关怀包括从空间环境的感官舒适性、物理环境舒适性到细致入微的各种服务设施，比如遍布场馆的直饮水 提供给公众饮用，甚至特地为儿童提供降低的水嘴。人文奥运的理性渗透于设计的每一个细节。

ID "水立方"室内有很多细节设计非常人性化，能具体谈谈吗？

王 这样的处理出现在室内的每一个细部。比如为了体现对使用者的关怀，室内空间体块的转角都被我们处理为圆角。比如池岸的瓷砖地

赛时平面

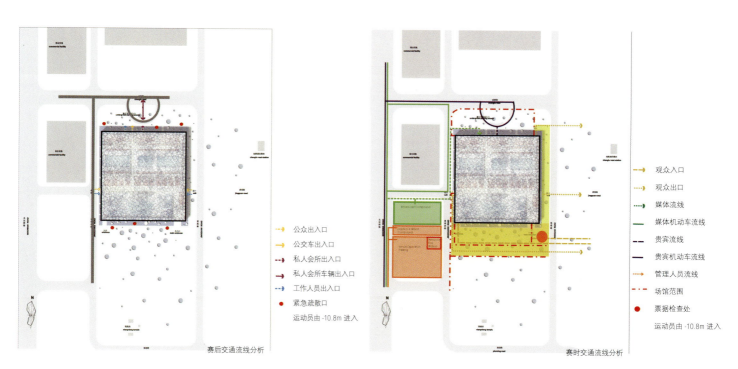

赛后交通流线分析　　　　　　　　　赛时交通流线分析

面都设有地暖系统，这样运动员踩在上面不会感觉冰冷等等。

ID "水立方"的表面是如何在夜晚变幻五颜六色不同光彩的？

郑 "水立方"设计概念包含了在夜间展现丰富的色彩，尤其是在重大的庆典时刻。由于"水立方"的外墙气枕采用了膜结构，传统的立面照明方式无法展示水立方的特点。后来，设计师们在"水立方"外墙的两层气枕之间，加装了计算机编程控制的LED灯，这些灯的寿命不仅是普通灯泡的10倍，而且还可以变幻各种颜色，组合成各种图案，夜晚的"水立方"显得变幻莫测、流光溢彩。

ID 灯光给水立方的外立面带来了梦幻般的变化，那么水立方的室内照明有什么特殊考虑？

王 LED照明也为水立方室内增添了梦幻色彩。东南主入口大厅的"洞洞墙"与孤岛般"漂浮"于其上的"泡泡吧"，都因有了这种照明而具备了百变表情。这些特殊空间可与外立面照明联动，在海蓝色的主旋律中不断变换对光与水的演绎，还可以在不同季节里变化不同的色系，更会在特殊节日和大型赛事里展现奔放的激情。

ID 使用了新材料的"水立方"是否可以更节能？

郑 阳光穿过"水立方"表面透明的ETFE膜，可以直接用来加热游泳池的水和室内的空气。同时，穿透屋顶的自然光线不仅可以节省照明电力，更为"世界上最快的游泳池"提供一个令人愉快的环境。这种被动式太阳能的策略实现了"水立方"的节能目标，与国家标准的节能建筑比较，整体节能9%左右，在照明方面节能30%以上。

ID 我们知道，奥运之后"水立方"将面临改造，那么在设计之时，对改造是怎么考虑的？

郑 奥运会赛时"水立方"是一个有17000座位的体育馆，而赛后则会转换成为一个服务公众的水上中心。赛时和赛后的功能模型将通过拆除11000座临时钢结构看台，在那些位置将增建两栋商业服务小楼等来实现功能的转换。同时，赛时的观众大厅转换为商业街，撤除临时设施的空间转换为商业服务空间。

| 1 | 3 |
| 2 | 4 |

1　平面
2　交流流线图
3-4　泡泡图案总是和钢结构结合在一起，具有很强的视觉冲击力

解读

老建筑再生利用
马德里Caixa Forum文化中心
CAIXA FORUM MADRID

| 撰　文 | 许丹 |
| 摄　影 | 莫尚勤 |

项目名称	马德里 Caixa Forum 文化中心
设计公司	Herzog & de Meuron 事务所
建 筑 师	Jacques Herzog、Pierre de Meuron、Harry Gugger
工 程 师	Peter Ferretto、Associate、Carlos Gerhard、Associate、Stefan Marbach、Associate
项目经理	Benito Blanco
结构工程	WGG Schnetzer Puskas Ingenieure、Basel、Switzerland NB35、Madrid、Spain
灯　光	Arup Lighting、London、UK
声　学	Audioscan、Barcelona、Spain
空间性质	博物馆
地　点	西班牙马德里市中心
主要材料	砖、混凝土、钢、木材、塑料喷涂、金属
总建筑面积	11000m²
建筑面积	1934m²
广场面积	650m²
建筑覆盖	1400m²
费　用	总投资 9400 万美元
竣工时间	2008 年 2 月

　　瑞士 Herzog & de Meuron 建筑师事务所对于我们来说并不陌生，从早期的旧金山金门公园（Golden Gate Park）的新笛洋美术馆（de Young Museum）到北京的国家体育馆建筑——鸟巢，Herzog & de Meuron 足以称之为另类的设计者。而由他们设计的马德里 Caixa Forum 文化中心的竣工，则标志着老建筑再生利用中一个新的设计的超越。

　　本案位于马德里城市中心地带，Caixa Forum 与普拉多博物馆、提森波尔内米萨美术馆等一系列收藏有古典艺术作品的重要博物馆毗邻，耗资 9400 万美元，项目经费全部来源于开厦银行基金会。

　　如雕塑般的 Caixa Forum 由一座百年历史的发电站改建而成。在发电站的前面本来是一个车库，车库的拆除，这个城市中形成了一个小型开放空间。抽象的设计构思，作为一个城市的磁石，吸纳艺术众多的艺术爱好者。整个建筑以分离的结构从地面水平铺设展开，其创造了两个世界：地上和地下。地面下方为加建部分，共 2 层，园景广场提供的空间为展区 / 演艺厅，服务室及停车位。地面层为架空层，从外面看上去建筑如同悬浮在地面上，砖石的正面底部被切割开来，四周为悬空，而悬空的一层则成为了一个公共的广场。这一重要的文化设施将原来的 Mediodia 发电站的砖石外壳进行扩展，容纳了一座新的入口大厅、咖啡馆、展厅、餐馆和行政办公室。其中，外观最为吸引眼球的是金属外壳的屋顶，建筑如同在一个老房子上搭建起来，在阳光的普照下，熠熠生辉。另外，对于砖墙上设计师完整保留了电站的 19 世纪风格，但为了减少过多游客对建筑本身构成的威胁，在建筑前的广场地下增设通道，游客可绕开墙体进入建筑内。

　　建筑前面的广场上，树立着一座 24m 高，460m² 的植物墙，由法国艺术家 Patrick Blanc 设计，种植了 250 种 15000 棵植物，整个植物墙的植物采用无土栽培，通过墙上管络输送营养液和水，配合适当保温和保湿材料，提供植物适当生存环境，成为了一个空中的立体画。在主干道 CALLE DE ATOCHA 上，这面绿色的立体墙，无论是材料还是质感都明显地区别于街道上的石材或砖体的其他建筑，立于这个连续界面被打破点上，是处于内部的美术馆的明确的入口标志。随着人们逐渐的接近，墙体也逐渐丰富——从整体的绿色、到平面图案设计、到平面凹凸感、到一株株植物、到一片片叶子、一滴滴水、一阵阵植物清香。这个绿色植物的墙体建造，直接利用了广场西面相邻建筑，采用钢框架，整体挂于其

1	2
	3

1　金属外壳的屋顶，在阳光的普照下，熠熠生辉
2　改造前老建筑鸟瞰
3　改建示意图

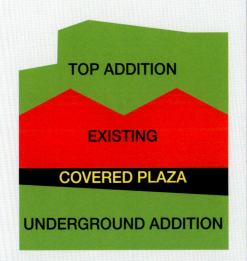

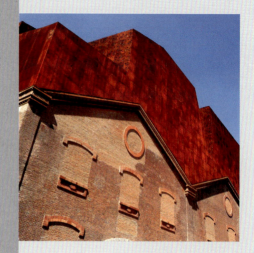

西立面上。有人形容这面植物的建筑立面像一个巨大的绿色地毯，Patrick Blanc 说他觉得这是一幅有生命力，不断生长，不断变化的"绘画"。

老建筑被保留沿用的唯一材料就是外立面的红砖墙，在厚重的旧的红砖结构的老建筑上，加建的部分采用锈蚀钢板，两部分在材料上形成对比，在颜色上统一，最终合为一个厚重的实体。锈蚀钢板塑造出了雕塑般的几何形体，仿佛是周围老建筑交错的坡屋顶的复制，但被抽象、被简化。这个加建的钢体量没有任何开窗或表面的打破，只是在顶部将实的钢板改为镂空的钢板，只有靠近到美术馆的前广场上才能察觉。这个细节使这个形体在重量上均衡，也使建筑更加有趣味，将进入内部的光线过滤、塑形，改变密度。

内部的空间流线简单而清晰，并由不同材料定义。在这个项目中 herzog & de Meuron 事务所依然对材料进行了多种尝试——砖、混凝土、钢、木材、塑料喷涂等等。即使是同一材料，例如同样是钢材，也采用了多样的表达形式——锈蚀钢板、镂空钢板、不锈钢板。进入二层的一侧，打开一扇门，仿佛立即进入另一个世界——白色光滑的混凝土空间中，盘旋着流畅的曲线楼梯，连通地下层到最顶层。封闭的室内空间，由柔和的曲线定义，随着层高的变化而延展、压缩。白色涂料喷涂的混凝土材料主题延伸到所有展览空间。建筑的顶层和地下层均为锈蚀钢材料主题，但采用了镂空钢板和钢网两种不同的表现形式。

这样一种保护工业的设计理念，在此设计中结合得相当充分。在马德里，早期电站工业时代的砖墙被一个纯粹的功能结构所完全取代。其中，一个引人注目的转型，老电站材料使用分类砖薄片，分离和清除出基地和部分建筑，开辟了完全新型的壮观角度，同时解决了一些视角所造成的问题。在取消该基地的建设中，留下了涵盖广场下的砖薄壳，也使得整个建筑自由浮动于地上保持水平。Herzog & de Meuron 的发言人曾称："建筑底部被移除，构成了砖石外壳下的带盖广场，砖石部分看上去似乎漂浮在街道上。这个带盖的空间为参观者提供了遮挡，同时也是入口通道。"在建筑的地下展示区分别设有两个楼层，而整座老建筑的最高处还包括两个铁质的类似阁楼的结构。建筑师赫尔佐格介绍说："事实上，地面已不承载建筑的任何重量，它摆脱了地心引力，21世纪的技术提供了化腐朽为神奇的可能性。它在建筑师中间制造了一场关于设计自由界限的探讨。" END

| 2 | 3 | 5 |
| 1 | 4 | 6 |

1-3 利用砖块堆砌不同形态的结构面来结合金属外壳屋顶
4 金属外壳及砖墙搭建的马德里 Caixa Forum，广场上一座 24m 高 460m² 的植物墙
5 地下广场通道
6 地下广场大门入口

解读

SECTION 01

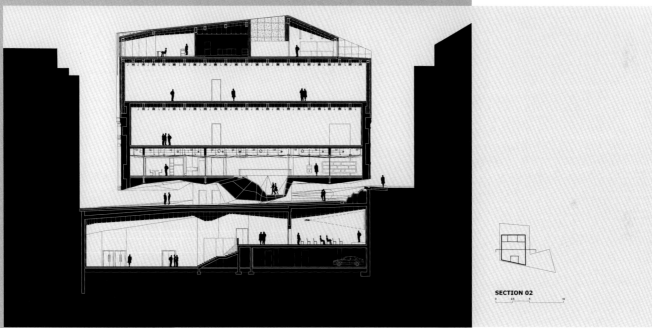

SECTION 02

1		4
2	3	5
		6

1　从大门进入一层
2　45°不规则的切割面的地下广场全景
3　从一楼俯视地下广场入口楼梯
4-6　剖面

SECTION 05

解读

1　从室内透过锈蚀钢板望向室外
2-3　锈蚀钢板局部及其光透过之后造成的生动光影
4　楼梯厅，不规则的开窗也是空间构图之一
5-12　各层平面

负二层平面
1. 底层休息厅
2. 观众厅
3. 主楼梯

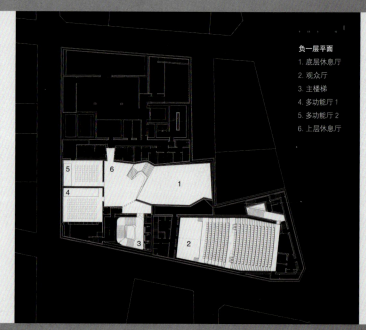

负一层平面
1. 底层休息厅
2. 观众厅
3. 主楼梯
4. 多功能厅1
5. 多功能厅2
6. 上层休息厅

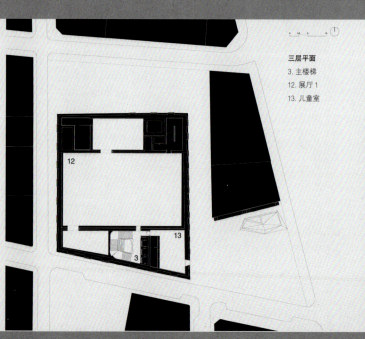

三层平面
3. 主楼梯
12. 展厅1
13. 儿童室

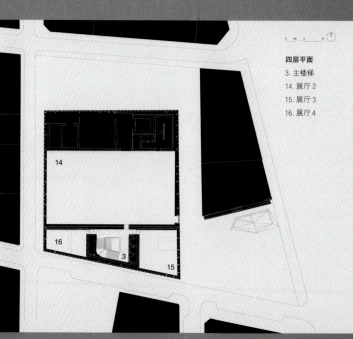

四层平面
3. 主楼梯
14. 展厅2
15. 展厅3
16. 展厅4

解读

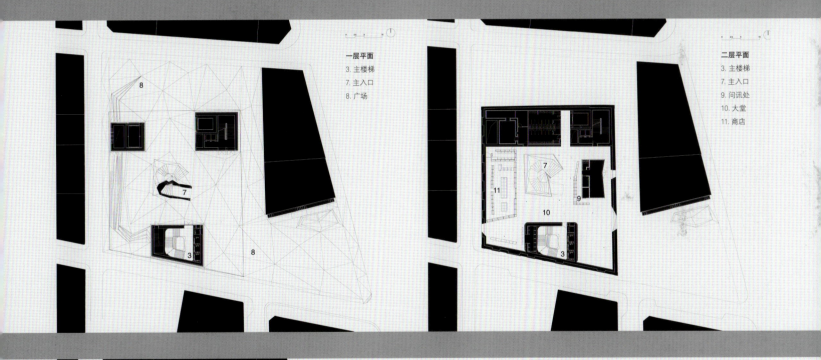

一层平面
3. 主楼梯
7. 主入口
8. 广场

二层平面
3. 主楼梯
7. 主入口
9. 问讯处
10. 大堂
11. 商店

五层平面
3. 主楼梯
17. 咖啡厅、餐厅
18. 办公室

解读

1		7
3 4		
2 5 6		

1　一楼顶棚使用日光管建构出不规则的采光形态
2　地下广场玻璃隔墙的文字标志
3-7　主楼梯

解读

| 1 | 3 |
| 2 | 4 |

1 以灯带来突出的多边形展厅
2 多边形展厅与方形展厅交接，内外空间融为一体
3-4 展出阿方斯·慕夏（Alphonse Mucha 1860-1939）回顾展的方形及长方形展厅

解读

解读

解读

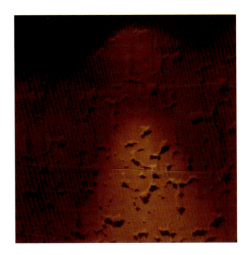

1-2 展厅墙面采用粗犷的质感和不同的肌理，与艺术品形成强烈对比
3-5 局部

桥本夕纪夫：
创意融于传统流行间

撰　　文	Vivian Xu
录音整理	李品一
资料提供	桥本夕纪夫

被誉为世界殿堂级室内设计大师的日本设计师桥本夕纪夫(Yukio Hashimoto)最近又因新作东京半岛酒店(Peninsula Hotel Tokyo)而引起业内关注，该作品体现了桥本先生一贯的对各民族文化与风格的领悟，对传统与现代精髓的融合与把握。而桥本先生本人的作品一贯坚持得就是对文化、传统、自然与未来的高度崇敬，自1997年桥本夕纪夫设计工作室创立至今，桥本先生的作品已超过200个专案，他同时还担任Women College of Fine Arts 和 Aichi Professional University of Fine Arts and Music 的讲师，并曾获多项设计殊荣。此次，我们采访了桥本先生，他的设计观以及对设计界敏锐的观察都一一展现在了我们眼前。

Q =《室内设计师》
A =桥本夕纪夫

Q 最近您的新作东京半岛酒店在许多杂志上都有刊登，业内人士对其评价很高，那我们就从这个项目谈起吧，是否可以介绍一下？
A 半岛酒店是通过很多传统的元素来实现的设计理念。这个酒店从 2007 年 9 月 1 号才开始刚刚营业，大家有机会去东京的话可以去坐一坐、看一看。这里面以日式为主的设计，顶上有 1300 多个吊灯，就像一个烟花，主要就是半岛酒店的精神和日本传统文化的理念在里面，做一个融合日本传统文化与西方酒店的设计。不仅是日本人，还有很多海外的客人都认为这很日本。北京也有半岛酒店，那个半岛酒店可能是跟中华文化有一些联系。

Q 您成功地打造了许多酒店，可以谈谈酒店以后的设计趋势是什么吗？
A 以后的酒店是越来越单纯的那种酒店，每个酒店所在的土地、所在的地区文化有一些代表性的建筑，酒店在东京就体现东京特点，在加拿大就体现加拿大应有的那种建筑。走到哪儿酒店的风格格局都是一样的，给住酒店的人感觉就没有那种刺激。酒店本身就给人一种休息，一种很人性的空间，所以酒店的设计、酒店的环境就是给人感觉是休息的地方。

Q 您在设计中是如何将每个个案的场地特性与地域文化融合在一起的？
A 这并不能笼统地进行概括，而应该视每个项目不同的特征而做讨论，根据其不同的特性加以创造。但有个大前提是毋庸置疑的，譬如说你在日本做设计，就不能做一眼看上去就不像日本风格的建筑。你不能在京都去做一个阿拉伯风格设计，这样是不对的。既然在一个地方做设计，就要做一个符合当地文化的建筑。

Q 做一个有当地传统文化特点的设计，势必要借鉴先人的已有成果，可以谈谈您是如何做的吗？
A 作为一个设计师来说，不可能一味地去抄袭传统的东西。我认为应该在意识上引入国外的设计方法和风格，但要以客观的眼光来看待，用换位思考的方法达到设计上的平衡。不能因为我是中国人或者我是日本人，就要强行加入很多的本国传统文化，这样就会被很多不应该左右你的因素而左右，这样就会破坏整体的美感，难以创作一个平衡的美丽的事物。

半岛酒店就是这么一个例子，它本身具有浓重的欧式风格，但如果放在日本的话，我在设计中考虑得最多的问题就是如何将这个欧洲文化很浓的项目揉入日本文化。我在后来的设计中运用了许多日本传统手工艺环节，比如那些木工、土墙等，我与这些工匠都做了很细致的沟通，希望将这些日本最传统的手工艺融入到半岛酒店中。而作为一个设计师而言，我的设计理想并不是做一个看上去很时尚、很酷的东西，而是能做一个希望让观众看到后能有更深入的思考或者说对这个项目所代表文化的思考的设计。

Q 继承传统与把握现代之间存在矛盾吗？这其中是否存在一个标尺用以平衡两者？
A 这不是一个度的问题，对传统文化的理解是越深入越好的，并不是点到为止。

Q 那你认为日本传统文化是否会束缚你的设计呢？
A 我不认为传统文化会束缚我的想法。我认为在现代社会中，只有把传统文化丢弃得很干净才会产生问题，而不会因为汲取传统文化对现代设计手法产生束缚的问题。比如说，在 7、8 年前来上海去城隍庙逛，当时的感觉就是很传统的东西却有一种很未来的美。

设计师是否会被传统束缚的这个问题主要是看设计师的视角是否能够透过传统看到一些非常现代的元素，即要从别的视角发现建筑的美感。比如我做设计的时候，就不会总是以一个长居日本的当地人视角来看待日本文化，而是从一个第一次来到外国的日本人的视角来看问题。如果你以一个新鲜的视角来看待的话，你会发现一些以前忽略的美。如果我们习惯了，就会忽视掉。如果我们是从外来的角度来看，反而能发现一些被忽略的美。

1　桥本的作品都带有各自不同的鲜明特色
2-3　东京半岛酒店充分结合了日本传统与现代设计理念

论坛

Q 您认为室内设计中最重要的决定因素是什么?
A 相对建筑设而言,很多人会认为室内设计是一个追赶流行的短暂现象,即使现在很流行,过几年也会不流行了,到时会拆掉重做,所以大家可能会用一种比较轻率的态度来做室内设计。我个人认为这种态度是不对的,我做室内设计也会像做建筑设计一样考虑到它作为一个作品应该存留的价值。

Q 您如何看待建筑设计和室内设计的关系?
A 十年前,日本在建筑设计和室内设计在领域上也分得非常开。先有建筑设计完成后,然后由室内设计师来完成室内部分。而现在建筑空间和室内空间不再是被分割的空间,而是拥有一个共同的主题和概念的完整空间。

Q 日本的室内设计师是在建筑完成后再进行设计呢?还是与建筑师的设计工作同时进行?
A 这个要根据实际情况。如果是一般的商业大厦,要符合整个的操作流程。建筑完成后,各个商家入驻后分别让不同的室内设计师来进行设计。但室内和建筑一体考虑的项目也逐渐多了起来,我自己就做过一些,比如一些旅馆,从建筑到室内都是由我来完成的。

Q 可以谈谈对中国室内设计的看法吗?
A 刚才我们的话题也提到这个问题。在中国的大城市比如北京、上海,可以看到一些国外流传进来的所谓时尚元素建筑。这些建筑并不坏,可以给本土的建筑设计师带来一些新的刺激和信息,但是我认为在引进国外元素的同时,中国并不能将自身的基础与文化底蕴丢弃掉。我觉得中国在这点上比较不足,中国的设计师应该在充分理解本土文化的基础上再吸收外来的文化,这样能够将两者很好地融合起来。

我觉得在艺术领域,中国艺术家在这点上就做得很好,比如蔡国强和岳敏君的作品。他们都已经受到国际认可,这是因为他们作品本身具有很深的中国传统内涵,而不是完全模仿国外的文化,如果是那样的话就无法得到国际认同,也不会有什么成就。

Q 您是如何看待全球设计师的共性?
A 其实这个问题对我也很困惑,我刚才进来看到门口放到很多精致的东西,到上海看到大家的水平都提高得很快,所以感到很兴奋。我的设计是通过自己的手设计了很多精致的东西,这样就产生了很多设计的美感,这种美感是跨越国际的。所以设计和文化进一步的推广和交流,经过设计师这个工作,不管是男女、国家、地区,设计的东西总是会超越一切的。这种超越时空的设计作品出来以后,整个世界就会变得很丰富。

1　传统的符号通过现代的构造得以实现
2　材质与灯光的搭配使得空间很有未来感
3-4　桥本将日本文化中的禅意发挥得淋漓尽致

设计的反思与批判

录音整理	莫萍
撰　文	莫萍、李威
摄　影	喻卫林、朱康林

2008年8月初，广州集美组设计公司的负责人、设计家林学明在《南方都市报》的设计专版上对室内设计界流行的"新东方主义"这一说法发表措词强烈的批评，而设计家崔华峰则发表了针锋相对的看法，两个在广州颇有影响的设计师的争议，通过媒体的发酵，在广州业内和民众中引起了对广州室内设计的普遍关注。设计理论家王受之也恰好在这期间从美国回到国内，林学明便邀请他从设计理论的角度谈谈这个议题。土人景观设计公司的庞伟知道这个活动后，也非常热心地参与其中。他们都认为在改革开放进行了30年的2008年，中国的经济、文化发展即将进入一个新的发展阶段，设计也必将由此进入一个更为成熟、理性的成长期。在这样一个时机下，需要一个探讨和交流的平台，让设计界及关心设计的人共同总结过去，及时调整心态，以便走向更好的未来，于是就有了这次活动的一个立意，并定下了这次活动的主题："设计的反思与批判"。

活动于2008年9月6日在广州二沙岛的星海音乐厅举行，听众如潮、场面热烈。三位设计师针对广州设计乃至整个中国设计的种种问题，提出了自己的看法和见解。

■ 广州设计的悲情

林学明（以下简称林）　长期以来，广州的经济发展在国内是走在前面的，可是广州的建设、设计领域，包括设计教育跟广州经济发展的地位距离很远。北京、上海的设计在近十年发展很快，越来越走向国际化，我觉得广州设计界却一直处在一种比较沉闷的状态。在这样的背景下，今天由我、王受之老师和庞伟三个人主持这样一个论坛，希望为广州设计师交流提供一个平台。

王受之（以下简称王）　对设计的看法有绝对标准和相对标准。中国人看自己的设计和外国人看中国人的设计，立足点不一样。比方说这次全民欢腾的奥运会，以琴棋书画、四大发明为中心演绎，国人都说好得不得了，是因为我们的思维方向经过几十年的教育、宣传已经对这几个主题完全认同，并且认同得超乎一般的深刻，但是外国人没有这个认识，因此开幕式虽然热闹宏大，但是大部分外国人基本上是没看懂，这就是自我认定和外部认识的差距造成的。奥运会开幕式这件事我觉得很特别，基本上没有一个外国媒体说不好的，因为没有看懂，反而不挑剔了。而国内设计圈、艺术圈的人则好多感觉不太满意，原因是过于民族化、国家化，缺乏普世的内涵。前两天我碰到一个国内首屈一指的传媒集团的老总，他说雅典的开幕式他和大家都很感动，而北京的这个开幕式就是宏大，但是不感人。我再问原因，他说雅典传达的是西方乃至国际文明发祥地的视觉语言，而北京的这次开幕式，传达的则是纯粹的中国文明的自我解释的语言，因此不具有普世的内涵，我觉得这个看法是很中肯的，也解释了为什么外国人说宏大，但是不懂的原因。这里并不是在说爱国不爱国的问题，是考虑一个国际的运动会上，我们希望传达国家形象还是国际形象的议题。因为我们在北京看到的是中国的奥运会开幕式和闭幕式，而在希腊看到的是世界的奥运会的开幕式和闭幕式，这种情况是不同的立足点造成的。所以说我们怎么看自己的设计，恐怕也有一个地方立足点、国家立足点和国际立足点的问题。脱离了立足点的设计，是虚的、不踏实的。当然有人说我们要的就是借奥运会来弘扬中国形象，这点是一个立足点，但是如果用奥运会弘扬中国的国际化形象，岂不是立足点更高了吗？

现在我们谈广州的设计，如果从广州的立足点来看，我们会觉得不错。俗一点说：我们广州设计界的同仁基本都丰衣足食，我看开Land Rover（路虎）的人也不少。事实上，我看广州的好多设计师都是在自娱自乐，孤芳自赏，乃至中国其他很多地方的艺术家和设计师，我看都有这种自我满足的感觉。就是把自己的地盘看得太大，把自己的立足点误以为是全国的和国际的立足点来评价自己的设计水平。要是从一个国际的高度来看，我觉得广州的设计就不怎么样，连差强人意都不到，并且和国内其他的几个大城市的设计水平都有明显的文化层面上的差别。

这些年来，我尽量不在公共场合谈广州设计，是因为我对广州的设计界的情况太了解了。广州设计界的问题积重难返，业内对设计的水平都没有一个共同认知的标准，我这么讲，可能别人会说你是"愤青"泄愤而已。我最近写了好多文章，出版了好多书，在很多场合讲很多其他地方的设计，我就是不谈广州的设计。

我这么一个百分之百的广州人不讲广州的设计和城市，显得很扭曲吧？其实背后里面有很深层的悲情，就是我没什么可以说，因为说了也没用。就城市规划来说，广州这个城市已经被破坏得差不多了；广东设计界的一般性水平，设计界对于对于深层文化认识、对设计审美的认知水平，已经近乎于市民，甚至有些低落到市民水平以下了，设计精英文化没剩下多少了。广州现在的建设、规划是很张扬的。但是你别看广州建造了那么多体积庞大的建筑，那么夸张的城市的新中轴线、庞然大物似的"珠江新城"，思想深层是很落后、很过时的行政规划在公共建筑上的虚张声势。全世界都在因为传播技术的突飞猛进而拆除电视塔，广州却正在兴建最高的电视塔，那塔还没有建成已经彻底过时了，是"白象"型的过气地标；扎哈·哈迪德是全世界著名的"纸上谈兵"设计师，她设计的建筑绝大部分功能缺缺，连设计的消防队大楼都要推翻重来，却在广州设计和建造了体积庞大的歌剧院，据说是从河流里的两块石头得到的灵感，除了造型古怪之外，我看不到一点点道理。看到这些东西，你真是会叹气一口：广州人吃菜，全世界不吃的东西我们都吃了；在设计上，全世界不做的设计广州人都做了，人家不要的我们也拿过来了。对某些广州人来说，设计的文化无所谓，只要"啖啖肉"（每口都有肉）就行了——典型的广东人特点。在这种情况下，我只能选择沉默了。

所以讲到广州设计的时候我有一种心酸，有一种悲剧的情怀。不是针对广州设计界，是针对我自己，我身为广州人，没有对这个城市做出什么贡献，觉得很丢人。最近我在北京、上海、东京、洛杉矶参加了几个大规模的研讨会，大家都谈到中国的设计。当讲到中国的设计的时候，大家会有一种很期待的眼光，希望听我讲讲；但当讲到广州设计的时候，特别是在上海、杭州、北京谈广州设计的时候，大家都不怎么提，顾左右而言他。只有我们几个广州去的设计师自己说得口角生风，拿出来谈的都是量化的主题：我们有全世界最大的美术学院，是面积最大；我们有全国最多的装修公司；我们有多少巨大的项目；我们的利润是全国之冠。但是看看作品，有没有感觉到羊城上下，我们却没有一个拿得出手的、有国际设计水平的、有国内影响力的作品呢？这种迟钝感，使我感觉挺痛心的！

其实广州曾经是全国思想最活跃、文化最前卫最成熟的地方。中国的民主思想，共和思想就是从广东开始的；广东是中国启蒙运动的发源地；广州的城市规划、建筑设计在全国，曾经是走在最前面的，但是现在老广州已经不存在了。有些人说"你落后了"，"我们打造的是新广州"，新旧不是问题，是城市的文化积淀能不能够存在和再现的问题！我这个人很悲观，这个悲观是被一种体制下一群很糊涂的人乱搞造成的心态，一种商业炒作压力下的悲观。我不认为现在我小时候凤凰树开花，全城是绿树华盖的广州可以再现。

广州的城市沉淀的悲剧怎么产生的呢？其中有几个原因我认为是很显而易见的：第一，在发展城市的时候将经济指标和经济利益放在第一位，盲目追逐GDP的升升，而造成了对广州文化和城市规划的极大破坏，这种破坏是不可挽回的；第二，城市的管理者对这个城市缺乏了解；第三，广州缺少一个拳头的设计学院引导这个城市的设计走向。这里不得不提到我们的广州美术学院，从历史地位来看，它理所当然是应该承担这样一个责任，可惜的是，这个学院的影响力目前正处在迅速的消退过程中，伴随着的就是设计界领军型的人物越来越少了；第四，我们缺乏设计的喉舌，没有一个能够影响设计发展、影响设计思考的专业媒体，这点反而是大众媒体来弥补了；第五，我们缺乏一个专门的展览和公正的奖项。在意大利米兰的设计三年展要能得一个"金罗盘"奖，在日本能得个G-mark（日本设计大奖：Good Mark），那都是至高无上的荣誉。而在中国，现在的展览很多，奖也很多，评委太烂，要得一个奖也很容易，根本什么都算不上。

设计市场的混乱、低价恶意竞争、行政的政绩设计，也都影响广州的设计健康发展。不尊重市场、不尊重设计发展的机制，不仅造成了广州设计发展的困境，同时还带来一个新的问题，那就是普遍的浮躁，特别是一些年轻的设计师，他很容易被这种气氛弄晕头脑。有些人可能会问，那怎么办呢？我们该怎样挽广州设计于水火呢？我的看法是别救了，已经救不了了。但我们可以救自己。如果我们每个人都能清楚地认识到设计是一个严肃的事情、是一个文化的事情，是一个关乎市场竞争的事情，我们自己把握自己，这样至少能在我们每个人的领地保卫一方净土。我估计广州设计要走上一条稳健发展的道路，还需要我们从体制上进行调整，同时也需要我们设计界和媒体以及教育界共同努力，这个路还很长，但是有希望。

庞伟（以下简称庞） 王老师刚才骂的，我感觉首先是在骂我。我们在广州生活、工作着，做着一些被王老师认为"看不上的东西"。前段时间，柏杨死了，柏杨不也是骂广州的设计界吗？他连中国人都骂了（《丑陋的中国人》）。那时候柏杨生活在比今天更爱国的中国人里面，他每次演讲，演讲稿都不许发表。我觉得到了今天，中国人不仅爱国，而且爱得很豁达。碰到几个像王老师这样骂人的人，我们脸皮其实还挺厚的，大家都听得挺高兴的，好像骂的都是别人，不是自己。没有了实感啊！缺乏了实感的文化是很可怕的！

今天我们发起这个活动，不做广告，没有请赞助商，我们今天把"活儿"放下来，坐而论道。我们三个人今天坐到一起，事先没有统一口径，只是谈谈我们的看法，也是抛砖引玉的意思。等大家来一起来探讨，希望能营造一个关注设计的环境，而不是像现在这样，虽然有这么多的工地和房子，但广州对于设计，没有正规的评论、没有批判、也没有反思。广州人对于聊天和沟通好像有种传统的蔑视，称之为"吹水"，如果我们一直还停留在这种看法，很可能广州设计思想的锦绣图画永远都打不开。广州在历史上是一个多么优秀的城市，已经有了公论，所以广州的现状尤其让人忧虑。今天我们今天斗胆坐在这里，就是不甘心这样的一个现状，哪怕明天有人指责我们说："那三个人很狂妄，还说了很多错话。"没关系，只要我们能把对设计的关注变成一个社会的普遍话题，这就足够了。

设计的审美周期

林 王老师刚刚提到对于中国这次奥运会的感觉，我也是深有同感。当然，作为中国人，我也觉得很振奋。在很多西方人看来，这次奥运的开幕式，展示了一个非常强大的中国，大家都普遍觉得中国是真的崛起了，可以耗费如此巨大来办这样一场盛会。这次开幕和闭幕式，我们燃放的烟花数量，是所有奥运会总量的4倍。而奥运资金的总投入，是洛杉矶奥运会的100多倍，雅典奥运会的10倍，悉尼奥运会的20~30倍，我们以这样巨大的投入，换得了西方的普遍赞誉，换得了个雅典、悉尼等奥运会同样的名声——最美的奥运会。但我和陈向京老师却觉得，整个中国奥运会的开幕式和闭幕式最动人的，却是短短的伦敦8分钟。我认为，伦敦8分钟，是一个轻松而又充满智慧的表演，资金的投入也不多，这才是真正的奥林匹克精神的体现——任何一个国家，不管贫富，都应该办得起奥运会，这就是奥运会全民参与精神的真正含义。国际奥组委其实也反对国与国之间关于奖牌的攀比，他们强调的是运动员之间、人和人之间的竞技。

王 2008年是中国历史上非常重要的一年，中国的改革开放到今年正好整整30年。这一年有好多大事，从灾害、救灾到举国欢腾参与奥运会活动，心理的转折之剧烈是巨大的，恐怕需要一些时间来回归和总结。我估计随着奥运会的结束，我们最狂热和最兴奋的状态应该就过去了，应该逐步转入到思索、研究、考虑、策划的新阶段。一个民族有兴奋点，但是更多需要的是平和的发展心态，而不是狂热刺激的冲动。一个是短时期的，一个是永续的心态。讲和谐、讲融合、讲平衡，就是这个意思。

这里使我想起有关美学的一些议题来。昨天我在杭州良渚参加一个会议，遇到设计"水立方"的赵小钧，一起讨论美和设计的关系。赵小钧认为美无分高低贵贱，所谓美其实是一种快感。他用人的生理周期来形容不同时期对美的不同看法，也就是说生理周期不同，快感是不同的。我觉得他这个观点很有趣。

因为生理周期形成的快感有不同，处在不同周期的人可能根本不知道其他周期的人对于美这个快感的认识，比如荷兰设计师雷姆·库哈斯设计的中央电视台那个新楼（北京人叫做"大裤衩"），还有法国机场设计师保罗·安德鲁设计的国家大剧院（北京人叫做"大笨蛋"），可能是决策人的周期性快感导致的，我们这些处在成年期的普通老百姓就感觉不到快感。现在中国轰轰烈烈的建设，是因为处于一个民族的青春期，因此出现了大量为了满足青春期快感的建筑和设计。这种现象我们没有办法去批判它，这种大规模的青春期的冲动，需要有，但是不能够连续延伸，如果坚持不断的如此狂热就不正常了。这之后，我估计中国的设计审美应该差不多进入成熟期、进入成年期了。

这个阶段性的审美观我以为很重要，否则我们真是不知道设计如何走了。现在我们看到的很多问题，是因为有些行政人员、设计师，在中国文化已经总体度过了青春期之后，却仍然执着于思春期的冲动，要求青春期刺激。说到这里，我想起最近看见的广州亚运会的吉祥物那五只羊，是奥运会的五福娃的恶搞版本。五福娃是在中国奥运会准备期出现的青春期形象，情有可原，这五只羊的设计的恶俗、滥情、轻浮、陈旧就真的不知如何给它一个合理的解释了。我们今天要做的，就是要把这些人拍醒，告诉他们，你是成年人，不要再搔首弄姿装青春了！

林 王老师刚谈到，中国的市场已经开始进入成熟期，中国奥运会举办成功，国外的媒体也是一致称好。但实际上，中国是在人均年收入2000美元的情况下举办的，以王老师刚说的思春期的冲动，办下的这场宏大的盛会——以发达国家年人均4万美元收入的经济状况下可能都做不到，而中国人做到了。我觉得，中国改革开放的这30年时间，经济发展的成就非常惊人，实现了初步的繁荣。我也认同王老师的说法，2008年对于中国的发展来说，确实是一个拐点，往后我们的生活方式将发生怎样的变化，又会如何影响到我们设计的发展，我们还有待观察。

庞 说到奥运会，其实不止是运动的盛会，还是设计的盛会。我们中国的设计师，在这场盛会中做了什么？建筑基本上都让外国人给做了，刚王老师提到的福娃，是我们自己做的，还有运动员的服装、领奖台、奖牌、火炬等等，就我个人来说，我感觉是很难受的！改革开放30年，我们的设计有多大进步？中国人有没有这个智慧，使自己在盛世之后，仍然能维持一个长治久安和可持续发展？我们现在城市的发展模式，完全是学美国，广州的新区，比如说番禺这一带，就是美国化的，巨大的郊区居住社区，工作地点和生活地点步行无法到达，你必须要有私家车，要不每天上下班都会觉得很不方便。但是我们知道，如果中国人都像美国人一样过这种资源消耗型的生活，据说要9个地球才够用，可见这是存在很大问题的。我们到底有没有一个在规划和设计上的理性的发展战略？

■ 设计与地域文化及生活方式

■ 林 我在这里，还想和两位聊一聊关于盲目的民族主义对我们设计的影响，很多人认为，我们的国力现在是很强盛的，处于一个新的盛世。很多消费者由于这样一种感觉的推动，任何东西都喜欢争个世界第一，最大、最高、最奢华、最富丽堂皇。现在广州的很多楼盘，动辄冠以"罗马家园"、"爱丁堡"、"托斯卡纳"等外国名称，设计也是极尽模仿的能事，甚至已经超越了西方发达国家生活方式的真实状况，完全超越了模仿对象的奢华程度。这就好比现在流行的整容术，你是如愿以偿变了样子了，但这肯定会造成你后代的困扰。

■ 王 经济高速发展，产生了突然富裕起来的一代消费者。他们的收入高了，但是心态还不可能一步跃进到高水平，收入和审美品格之间的差距是显而易见的，也就形成很多中国在高速发展时期特有的现象。我们现在都很喜欢欧洲17、18世纪建筑和室内装修的豪华，那种巴洛克时期的奢华建筑和氛围，其实国内的大部分人都没有去过，去过的人，也不过是在巴黎卢浮宫、凡尔赛宫走一圈，跑马观花，可能就觉得西方人就是这样生活的，但我们印象中的这些18世纪欧洲皇室的奢华，并不是西方人的主要生活方式，甚至根本不存在这样的生活方式。

我们现在是处在一种财富急剧增长的时期，但这个财富的急剧增长有两个因素需要大家一起思考，第一，中国目前的财富分配的机制是存在问题的，在这样一个急速增长的时期，机制的不完善导致了中国贫富悬殊的不断加大。中国的基尔系数，也就是最穷和最富的人的百分比，已经超过了一系列发达国家的水平，位列世界前茅，这个造成了很畸形的设计市场；第二，庞大的人口造成很独特的市场情况。温家宝总理讲过一句话，中国有13亿人口，任何东西除以13亿，都会变得非常渺小，而乘以13亿的话，都会变得非常巨大，中国的中产阶级虽然占人口比例不大，但是绝对人数却相当惊人，他们是消费市场的中坚力量，中国哪怕只有5%的中产阶级人口，就说仅仅有1%的富裕人口的话，这个总数还是相当惊人的——因此，中国目前对于奢侈产品的需求量相当的庞大，已经成为了奢侈品消费的第一大国。我记得我去年在香港，看到半岛酒店底层的那家LV，外面排着40多人的长队，都是内地过去的富人，我跟进去看了看，那架势，不是选购，是批量采购，那么贵的手提袋，几千上万元一个，他们根本不挑，专捡最贵的买，一买就是几个，甚至成打的买，说是回去送人。这种暴富的心态，在短时间内是不会有什么改变的。

中国现在的富人，都是第一代，我们通常说，三代才能养成一个贵族，中国的旧贵族已经消失了，现在的这些富裕起来的人，即便自己觉得是新贵族，行为一点都不像，完全是暴富的行为。而现在的开发商也是刚刚冒头十几年的人，面对这样一群暴富的人，你能给他们提供什么呢？设计文化需要张扬，需要虚张声势，所以就只有堆砌西班牙、意大利的大理石，设计上堆砌罗马的柱式和巴洛克的装饰，再加上一大堆这群人念都念不过来的洋名字，什么安达卢希亚、托斯卡纳等等。畸形的超速的国民经济增长的情况下，会出现扭曲的的消费心态，我们的设计师，不管你愿意还是不愿意，都会在一定程度上受到牵连。所以我说，现在的问题不能全怪设计师，设计师可以在一定程度上满足这些人的需求，但是也需要把握一个度，不要暴富的东西做多了，把自己做成暴富心态，那就失去了自我了。

■ 林 因为工作的关系，我经常到东南亚国家考察，我觉得他们把西方的风格和他们的本土风格结合得很好，而且度也把握得很好。其实我们的先辈之前也有这样的好设计，广州的西关和东山就是很好的例子。西关自在广州开埠，有三四百年的历史，全盛时期说得上是全亚洲最大的商业区，现在完全没有了。我希望两位和我一起分析探讨一下，为什么西方的文明在东南亚地区能够这么和谐地与当地文化和自然融合，而在中国，就这么艰难地找不到一个平衡点，要不就完全照搬西方的，要不就打着"新东方"旗号进行符号堆砌，东南亚地区的东西方文化的结合有什么值得我们借鉴的地方吗？

■ 庞 提到民族主义的问题，我个人认为，什么是和谐社会？和谐社会要平衡几样东西：个人主义、民族主义、普世主义。有人说越是民族的就越是世界的，好像很多第三世界的国家都有这种类似的提法，从而引发对于地域设计的关注。很多设计师都很想找到自己的风格，也提出了很多主张，从表面看，设计的发展趋向多元化。但是，还有一个很重要的词汇和这个词汇所承载的关怀和责任，偏偏是我们最虚弱的地方，那就是"现代主义"。

王老师在他的很多书里也提到过，尤其在室内设计中，包括景观设计中，现代主义往往变成一个标签、一个符号，但是它实际上是设计历史发展中必不可缺的一个环节，承载着一种精神，这种精神，由格罗皮乌斯、柯布西耶提出来，现代主义要为现代人类的生活提供某些东西，柯布西耶甚至提出来"住宅或革命"。在2007年我们房价最高的时候，有人也拿同样的口号出来说事。当大多数人的住宅成为一个无法解决的问题的时候，它可能会酿成一个社会性甚至政治性的话题，这些东西看起来好像离我们的设计界很远，我们的设计师习惯于将自己放在专业工作者的位置上，而不是一个社会责任的承载者和关怀者。

一部设计史，实际上是一部设计的委托史，同时也是权力史，尤其在公共设计和房地产设计中，是财富的权力和公众的权力造成了我们设计今天的现象。所以今天，我们倒不是要告诉众多来听讲座的年轻人，怎么构图、怎么审美，设计文化、设计心理反而是更重要的东西。我们现在的文明，其实没有什么离得开设计，设计的好坏，不是甲方看你画的效果图就能确定的，而是当一个人在使用一个设计的时候，这个设计给他带来的安全保护、使用体验和心理体验。比如说汽车，同样的碰撞事件，有的车上没有一个乘客出现伤亡，而另一部车却是车毁人亡！所以说，有时候一个好的设计，它不是在日常状态下能显现的，它的安全和优秀是藏在某些重要时刻的。

我们现在有很多行业协会评奖，本来是可以鼓励年轻人对行业的了解和投入专业的热情，但并没有真正起到这样的作用。考注册建筑师的人多，但有几个能像安藤忠雄一样成为影响设计的人？我觉得这个社会是病了。有个老生常谈，说物质决定意识，而意识又反过来影响物质，所以我们现在是粗糙的物质决定了粗糙的意识；而我们粗糙的意识，又决定了我们粗糙的规划、粗糙的设计和我们大脑中粗糙的图像。2008年，我们经历了雪灾、地震等自然灾害，同时也经历了一场股灾，从1月到8月，当我们在奥运盛典欢呼喜悦的时候，中国股市下跌的速度居世界之冠，未来经济发展的状况如何，还不明朗。在这样一个年份，我们少一点笑声好不好？我们少一点自得其乐的麻痹，多一点社会责任感，向我们的邻居好好学习一些东西。

■ 林 是的。特别是二战以后，我们的一些周边国家，在引进西方文明的同时，也很好地保持了他们自身的传统，而不是像我们一样，把自己的好东西给丢掉了，也没有因为要弘扬自己的东西，而否决掉西方文化中的精华部分。所以，我觉得作为中国的设计师，我们确实需要好好地反思，我们的过去和现状。在讲座刚开始的时候我提到，现在中国的人均GDP水平已经达到了2000美元，虽然比起美国还相差很远，但我们说，前景还是充满希望的，所以我觉得，我们应该开始思考中国人未来的生活方式，什么样的发展，才能符合中国人的生活需求？在很多设计领域，我们都把关注的重点放在了一些表面堆砌的符号上面，作为设计师也好，作为业主也好，我们都没有从生活的角度考虑过问题，设计其实是满足你的生活需求、便利你的生活方式和提升你的生活品质的一个手段，目前在国内的室内设计领域，很多设计跟人的生活是完全无关的，纯粹为了装饰而装饰，单纯满足一种视觉或者心理上的炫富心态。

中国设计路在何方

王 林老师刚才的一番话，引出了一个很大的问题，那就是都市化生活的形态。人类经历了19世纪20世纪的发展，其中一个很重要的影响人类行为模式和生活模式的事件，就是都市化。我们直到1980年左右，中国都市化的比例还比较低，城市人口只占总人口的20%左右，经过改革开放20多年的努力，现在按官方统计大概是达到了37%~38%。目前全球都市化的平均值是50%，据说国家希望通过一段时间的发展，中国都市化能够接近和达到国际平均都市化的水平。也就是说，在未来的10年里，还会有2~3亿人逐步住进城市里面来，城市会成为未来中国人主要生活的地方，这个影响到了我们所有的设计范畴。

在都市化的发展进程中，我们可能没有意识到都市化其实是有几种不同的模式的。我们经常在媒体上看到，很多地方政府要将它管辖的城市建成国际大都市。至于为什么大家都要做大都会，没有原因。现在我们划了很多大都会圈，重庆、成都是一个都会圈，那里住了将近1亿人，都简直不是都会，快赶得上一个欧洲了——从来不考虑，这么多人住在一起，该怎么样生活？只要圈子大，宜人居住与否并不重要，这是我们问题的根源。

比如说北京，从自然条件来说是最不宜人居住的地方。夏天热得要死，冬天冻得要死，春夏刮的沙尘暴，历史上早就有记载。虽然不宜居，人口还是持续增长，连同移动人口，大概总有3000多万人挤着在这里。水不够用，因此不得不启动庞大的"南水北调"工程；外城的城墙都给拆光了；汽车、炉灶、空调机排出大量的废气，北京的天空基本全年都是灰蒙蒙的，还有严重的交通堵塞。这种大都会其实本身并不具备成为大都会的基本条件，你要硬把它做成大都会，它会产生很多的问题。

其实国内这样的城市一多半是不具备这样的条件的。中国在发展都会的时候，有没有考虑过我们要选取哪一种模式才更适合？在一个人均自然资源少、地块小、人口密集的国家，大都会只能朝密集型的和公共交通为主导的方向发展。且不说北京，广州作为大都会发展，应该是学东京、香港和新加坡，也就是采用高密集的居住和广泛的公共交通网络模式。香港这么大一个城市，660万人口的城市，只有30万辆小汽车，广州这样一个地方，却有200万辆！凭什么？你很有钱吗？你资源环境很有富余吗？香港的地铁很发达，基本坐地铁能到城市的任何一个地方，东京就更不用说了，那是三层的立体式地下交通系统，东京人基本不开车的，几乎全部坐地铁，在这个城市生活，它能提供给你的就是这种模式。所以我说，要发展我们的设计，首先要考虑我们城市的形态。中国城市的发展，是学了一个中国最不应该学的国家，美国。美国是把3亿人口放了4亿辆车的轮子上面。它用掉了全球1/4能源，要这样下去，它得有6~9个地球的资源才能维持美国运作现在的状况，如果中国学了美国，20个地球加在一起都要爆炸。美国自己都觉得自己的都市化出了大问题，现在都在回归城市密集型的模式，建地下铁道。

我也很不理解，为什么现在国内那么多城市在建巨大的购物中心。在小街小巷逛小店你多快乐啊！全世界的shopping mall都一个样子，索然无味！！我在美国去沃尔玛，在任何一个城市的沃尔玛，闭着眼睛就可以找到自己想要的东西，而且完全一样，没有任何惊喜。以前我们在街上找家小咖啡馆坐一坐，喝喝咖啡，可以在不同的咖啡馆喝到不同的口味，很有意思。有时还有店家自己的创新，有特别调味，你会觉得很开心。现在清一色的星巴克，全世界任何一家都是统一的口味，你没有期待，这是很可怕的。那些有个性、有特色、有不同风格的零售业就全部被这些标准化的东西扫掉了，这样你购物的乐趣在哪里？产品的多元化、设计的多元化在哪里？我们急切地想学习全球化，但却先把我们多元的设计文化逼到穷途末路。如果我们还不自觉，仍然一意追求美国式的生活方式，这将对我们中国的传统造成最大的损害，这是我们设计行业面对的最大的危机，而不是前面提到的符号堆砌的问题，因为生活方式的改变，它所造成的影响是最根本的。所以我说，中国人必须要保护中国人的生活方式，中国的设计才可能有前途。

庞 王老师刚这番话，深得我心。就比如说景观，我们缺的不是第一，我们广州的山水格局非常好，不像皇城北京，方方正正，有点死板，它更像伦敦等城市，是从做生意发展起来的。但走到现在，我们的河臭了、脏了；而且我们整个城市没有一个步行道，巴黎的城市空间其实非常拥挤，尤其是老城区。但它仍然保留了一个数公里长的步行道。在广州步行和自行车是卑贱的，你没有钱才选择这样的交通方式。这个真的是很荒谬！我要在这里呼吁一下，在广州，步行非常重要。尤其在新城区，我们要还步行一个价值。从普世价值来说，我们的人文是在倒退。什么是普世价值？普世价值是资产阶级革命以来，人类世界逐渐认同的一套文明标准，比如说什么叫尊贵。过去的尊贵是帝王将相，今天只要你是一个很好的公民，那就足够尊贵。所以为什么要崇尚帝王意识，崇尚一些物质的东西？我们崇富崇得有点莫名其妙！在这一点上，我们比万恶的资本主义国家还要落后。我们忘记了一个人的生命是多方位的，我们的精神价值荡然无存，包括我们的人文关怀。我们缺乏一个信仰体系，我们拜金，又严重地仇富；机会主义、实用主义盛行，我们不愿意承担责任，教育孩子避开是非，躲开责任。我们的很多大学打着校庆的名义，把校区内一些很优秀的老建筑给随意改装甚至拆毁，这样的事情，甚至发生在专业的建筑学院、设计学院。这么多文化人，我们可曾听到反对的声音？这是什么？个人利益至上！只会算计自己的得失，不管正义是什么，价值是什么。现在价值成了一张白纸，没有人会对一个没有实利的价值进行维护，这很可怕。我说到这里，又把一个设计的问题说成了一个设计之上的问题。

王 美国关于新都市主义的试验，做了很多新的小城。其中有一个最重要的，是在俄勒冈州的波特兰，这是按照美国城市规划的最新理念来进行建造的，它的第一期规划将在2021年完成。我最近特意去了一趟波特兰，非常感动。这个城市的所有人都骑自行车，它的公车和各种轨道车、地铁，都有专门的位置可以停放自行车，你可以骑到车站，把自己的自行车扛上车，到了目的地，再拿下来继续骑，而且所有的公共交通系统都是免费的。很精彩的都市发展规划，你到了美国，看到波特兰以后，才知道我们应该学习什么，不是纽约，不是洛杉矶，是小的城镇，那是城市化未来发展的楷模啊！

实录

超现实的UNA酒店
UNA HOTEL

| 撰 文 | 丹燕 |
| 摄 影 | Christina |

项目名称	UNA 旅馆
地　　点	Via Pisana 59，佛罗伦萨，意大利
设 计 师	Fabio Novembre
客　　房	84 间
星　　级	4星

每一个 Boutique Hotel 其实都贴有适合人群的 Logo。千篇一律毫无讲究的奢华早已过时，因为就像从早到晚都面对同一张俗气面孔的人，只能让你厌倦。在"个性"文化大行其道的今天，就如 Boutique 这个词的含义，选酒店也可以像挑选时髦衣服一样，选一家符合你个性、适合你口味，或是你打心里看上就喜欢的酒店，仔细"试穿"，慢慢把玩。

于是，在酒店里你都可以找到一次体验旅行。想看俊男美女，选择在时装周期间入住那个力争赛过模特的时尚精英的聚集地设计酒店。如果你是个雅痞，更不需要千里迢迢跑到美术馆看画，因为这个艺术型酒店处处皆画。这就是位于佛罗伦萨老城区的 UNA 系列旅馆之一——Vittoria Hotel。

佛罗伦萨 UNA 旅馆 Vittoria 正式于 2003 年 6 月 12 日被开创。它位于佛罗伦萨历史性老城内，选择了非传统的设计者 Fabio Novembre 将工业空间巧妙转变。情绪的连续流程弥漫了整个旅馆，突出了形状的连续感和颜色的迷人。入口的紫色，让客人迫不及待地开始一次呼唤似的旅程。

所有走入迷宫般大堂的人对酒店的第一个描述就是"惊讶"：是酒店还是迪厅？设计师 Fabio Novembre 就想颠覆佛罗伦萨的古典传统，在老城区亚诺河旁给人们展现了一个仿佛跌入时空隧道的旅馆。入口即让人置身于红色、紫丁香和白色的颜色幻想螺旋形物体中，让你迫不及待地想开启一段未知的旅程。巨大的红色螺旋物，从入口开始，一直伸展至墙壁，再沿着服务台回转，重新回到入口，整个过程仿佛一次时间的巡游。

这种前卫而浪漫的风格贯穿了整个旅馆，突出的构造形状和鲜艳的颜色是酒店空间的两大特色。"生活"和"个性"代表了整个旅馆特色。现代气息与文艺复兴油画的古典美相融合，构成了 Vittoria 独特的风格。在独特大气的包封走廊里，84 扇门上都有一幅油画，油画讲述的是描述贵族和骑士的故事。除了油画，旅馆内空间里还有 Fabio Novembre 最擅长的中性偏温暖色度的马赛克图案纹理装饰。酒店被美国《Traveler》杂志评选为 2004 年度最热门的酒店之一。设计达成了一个超现实主义酒店的终极表达。

走进 Vittoria，发现设计师真的非常善于通过建筑、设计、色彩、灯光、艺术和音乐等营造一个戏剧化的气氛。酒店的设计非常聪明、幽默、诙谐而细腻，灵活地将现代和巴洛克两种风格玩转于手掌间。走进约 6ml（20 英尺）高的黄色旋转门，墙上大写特写着生动而仪态万千的人物表情，随着酒吧的光影变幻，你会觉得一切非常 Funny！

客房墙壁上是星星点点看不懂的灯，顶棚上也是极有规则的电灯，好像银河系一样。这里的风景是不变的。如果是精品酒店的推崇者，肯定早已仰慕 Vittoria，虽然不是世界上第一家 Boutique Hotel（第一家在纽约）。

设计师对开阔空间的设计灵活施展在酒店的各个角落。宽敞的空间加上时尚的室内设计，如同走进一家古典油画博物馆。透过高大的玻璃幕墙，更可静静欣赏窗外佛罗伦萨细长的街道和安静的街景。类似戏剧舞台效果的楼梯和立面，空旷沉寂的空间中，弥漫着设计师和居住者的想像，你可听凭自己内心的指引，在这流动的空间中让思绪任意蔓延。

1-2 酒店外观
3-5 前台：花花世界

1　既是雕塑，又是椅子
2　吧台、高脚凳如酒杯
3　转角遇到 "LOVE"
4-5　客房走廊，名画盈门
6-8　餐厅光影斑斓，天"旋"地"转"

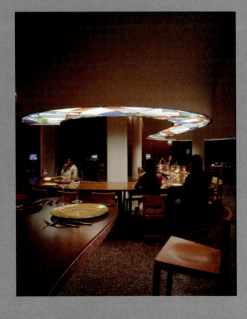
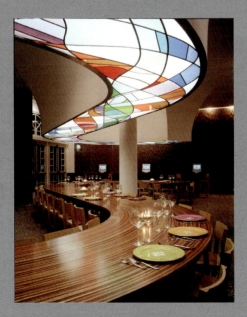

1　衣帽间门上画的衣服栩栩如生，富于幽默感
2-3　客房，星星点灯

吉隆坡玛雅酒店
MAYA HOTEL, KUALA LUMPUR

撰 文	海军
摄 影	谷菁

项目名称	吉隆坡玛雅酒店
地 点	138 Jalan Ampang, Kuala Lumpur, 马来西亚
客房数量	207 间

一幢超现代风格的建筑，但仅一幢楼房，略显单调。酒店是该建筑物的一部分，另一部分为写字楼区。

酒店占尽吉隆坡市中心的地利优势，陈设优雅时髦，环境舒适怡人。玛雅的建筑风格非常突出，酒店的建筑设计融传统建筑风格与超现代派的艺术风格为一体，其独特的设计和装饰风格使人耳目一新。

大堂不在传统意义上的一楼，而是位于二楼，从酒店后面的车道也可直接到达，步行者则需要乘坐电梯或者沿一个扇行楼梯而上。大堂小巧，配有靠椅和沙发，色彩搭配得很时髦，吸人眼球，侧面一排竹子，让人觉得在都市里寻找到了难得的放松感，这一切显然是经过精心摆设的。仿古的石雕和丰富的亚洲松凯布高级织物拼贴的壁挂更为酒店传统和迎客气氛增加了浓重的一笔。

房间大小约 34~45m²，如果在高的楼层，可观看到壮观的吉隆坡塔。豪华套房结合了现代化的优雅及隐密的环境，多种装饰给予了丰富的格调。宽敞的客房加上绒毛及舒适的床组，别致的室内摆设和大型的壁橱充分展现出酒店的精致概念。现代家具和玻璃面板能俯瞰到壮观的双子塔或 KL 塔的地平线。

想要沉醉于这家酒店的优雅装潢，一定别忘记享用那个独特的浴室。这也是客房另一个理想的特色。玻璃立面，加之乡村木材做装饰和地面，特殊处理的木条，防滑的同时给人倍添亲切感。

细心的你会发现，房间内还有个很惹眼的大黑盒子，镜面的，非常好看。内放置着电视机。如果你好奇，赶紧"掰"开来看看吧，这不仅仅是个简单的电视机柜，而是一个多功能组合柜，非常的节省空间。里面配有蒸气浓缩咖啡机，小冰箱，衣物洗烫、擦鞋等设施，整体陈设非常现代的风格，绝不凌乱。此外，还备有宽敞的水疗中心、流行的餐饮餐馆以及便利的设施，都会增加一些您在玛雅酒店的住宿经验。酒店中庭直达大楼顶层，没有空调，却与湿润的外部相通，绿树掩映又颇具商务氛围，这样的体贴不是所有的酒店都能做到的。

| 私密的用餐区域

| | 2 | |
| 1 | 3 | |

1 中庭，旋梯扶摇直上
2 餐饮区，照明设计营造出宁静氛围
3 酒店入口

1 酒店大堂
2 会晤区
3 酒店前台

1 客房一角
2 多功能组合柜
3-4 休息区，别致的茶几
5 客房一角
6-7 客房室内

开普敦艺术酒店：长腿爸爸酒店
DADDY LONG LEGS HOTEL

撰 文	Carol
摄 影	花丹丹

项目名称	长腿爸爸酒店（Daddy Long Legs hotel）
地 点	134 Long Street, Cape Town，南非
设 计 师	荷兰 Marcel Wanders
房间数量	13 间

该酒店是为富于自由精神的自由行客人而设，它绝不仅仅是一个歇脚的地方。它的外表可以说是其貌不扬，非常典型的欧洲建筑风格，而待在酒店里，你会有一种进入互动式美术博物馆的感觉。这家专为背包客而设的时尚酒店拥有13间客房，位于开普敦繁华的市中心。酒店的每间"艺术客房"都能为客人带来贴心的舒适感，游客可以在这里体验绝对新奇的住宿经历。每个房间都经过画家、诗人、摄影师、设计师或音乐家的独特设计，他们天马行空的设计使得每个房间风格独具：或充满冒险气息，或富于幽默感，有的甚至还略带讽刺意味，勾勒出开普敦当代文化艺术的全景。

长腿爸爸酒店也因此而充满艺术气息，成为一个活力四射的艺术品。房间的设计要求十分简单："放飞想像力，通过设计表达你的思想，使房间成为理想的夜晚安眠之所。"遵循着这个要求，艺术家们创造出了形态各异，或古怪、或有趣、或前卫的房间，同时，这些房间又不失舒适，房间里安放了柔软的床，铺上了干净的亚麻棉床单。所有房间都设有带淋浴的卫生间，公共区域有休息室和酒吧可以供聚会、看电视或举行其他活动。在酒店的露天阳台上暮后小酌，欣赏长街美景，还有比这更惬意的事情吗？

画家吉姆·斯特恩在"请勿打扰"房间的设计上表现了夜里的奇异遭遇，并且用卡拉OK式的淋浴和采用盲人点字的墙完成整个创作。诗人菲纳拉·道林在"Palimpset"的房间设计上通过幽默手法着力表现了她对意义和记忆的思考。房间的设计项目由著名设计讲师司科特·约翰斯通和他的学生柯斯蒂·斯古比负责审核。房间"Open"中，充满了尺寸一致的日出日落的场景照片，地点则来自地球不同的角落，看后很能激起人们旅行的欲望。有一个房间，全部是圆球组织而成的装饰，大小也一致，但色彩缤纷，你看久了以后，难免做梦也会是这些或漂浮或悬空着的圆球。房间"You are here"的床上摆放了一个极鲜艳的红色地标，似乎可以做枕头，而在墙壁四周则把这个相同

1	3
2	4

1. 酒店外观，平凡外表下隐藏着奔放的"内心"世界
2. 露台夜色
3. 接待区
4. 6号房"Protea Room"：帝王花之屋的幽玄和风

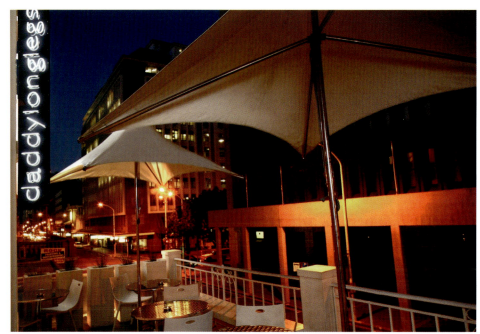

实录

的但缩小数倍的红色图标放入了世界地图，让人激起航海环游地球的梦想……

长腿爸爸酒店的理念源于最初的长腿爸爸酒店式公寓。这座酒店式公寓位于长街上著名餐厅莫西多咖啡厅和 Khaya Nama 的楼上。最初的4套公寓都非常成功，因此公寓主人决定扩大规模，建造第二个"长腿爸爸"，这个酒店同样在长街，位于非洲音乐店楼上。

酒店之所以如此受欢迎，是因为它在创新设计与保障舒适、隐私和安全之间找到了平衡"长腿爸爸"的确与众不同，而且价格公道。在这里，你可以会见朋友，享受美好时光，再美美地睡一觉。在这里，你可以足不出户就能感受到开普敦的创新精神。所以，索性留下尽情享受吧！

所有的床都质量上乘，堪与任何酒店媲美，亚麻棉床单舒适、干净。每个房间都有单独的浴室和卫生间，公用区域有酒吧、阳台和娱乐区。如果想吃东西，街边有 R-Caffe 供应早点和午餐。可供选择的餐馆还有很多，步行即可到达。房间价格合理，每个房间都由当初负责设计的艺术家指定慈善用向，将房费的1%捐给慈善事业。

作为一家为自由行客人服务的酒店，长腿爸爸酒店吸引了许多渴望体验纯正开普敦生活的人们。在这里不仅可以会见朋友，由于它优越的地理位置，还可以充分感受这座城市的风土人情和夜生活。当然，对于那些厌倦了乏味酒店环境的本地商人来说，这里也不失为上乘之选。虽然是个小小的酒店，它还非常重视艺术层面的推广，定期举办展览、现场演出、电影和记录片观摩等活动，继续为年轻画家、设计师和创意人员提供展示的平台。长腿爸爸酒店也曾经获得年度南非最佳酒店的称号，同时还被选为南非十大时尚酒店之一。

1	12号房 "Open"：日出日落
2-3	9号房 "The Fresh Room"：Mentos 的广告屋
4	3号房 "You are Here"：一屋一世界
5	8号房 "Palimpset"：远离尘嚣的读思之屋

| 1 | 3 |
| 2 | 4 |

1　7号房 "Being Mak1One"：3D-room，顶棚也雕塑
2　1号房 "Freshlyground"：随处有旋律
3　11号房 "The Photo Booth"：人面之森
4　10号房 "Far from Home"：幻境之墙

混搭风格的纽约41号酒店
41 HOTEL, NY

撰 文	丁丁
摄 影	Andy 等

项目名称	41 酒店
房间数量	47 间
地 点	206 West 41st Street (between Seventh and Eight Avenues), 纽约
设计师	Andrew Pollack
面 积	5273m²
总建筑面积	1168m²

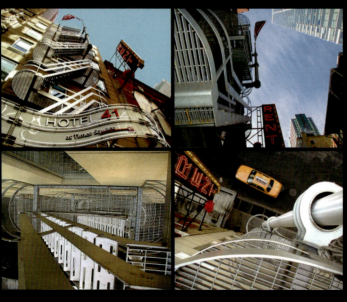

它地处于全球知名活跃的时代广场，这间舒适时髦的精品酒店是商务和休闲旅客亲密的隐蔽之所。在纯然精品酒店的传统中，它以迷人的布置和高级的服务、无比的价格和具特色的风格著称。它就是纽约41酒店。

最初的这幢楼是100多年前建造的。这个建筑的外壳非常的经典，而内部则被装修得非常新颖，特点是现代的机械式造型，用了大量的管材作装饰。奶油色和烟草色是这个酒店的主要基调。大厅被很多鲜花包围。夜晚，蜡烛燃起，分外妖娆。

这个酒店的大床房和豪华房间的主旨是舒适。家具被布置得极为简洁并使人放松。床单被罩等一律定制，弹性记忆枕头对劳累一天的人来说非常贴心。另外，还有一棵高大雪松被放在壁橱边上。镜子等工具总是被放置得很到位。

酒店中有一个非常著名的酒吧名字也和酒店同名为41酒吧。它开张于2003年5月8日。总共能容纳55人，包厢人数为12人。混搭装饰的基调，融合现代与古典两重风格，意在突出高雅和共享的风格。很多高大漂亮的橡木点缀其中。蓝色马海毛沙发软垫装饰酒吧高脚凳排列在由很多画作装饰的墙边，而另一边是乌黑的大理石，显得非常的酷。映衬着这个酒吧经常调配的或红色或白色的鸡尾酒，显得有些异国情调。

1-2　Bar 41, 烛光晚餐
3-6　俯仰之间
7　户外楼梯，老时光的余晖

1	4 5
2 3	6

1　客房起居区
2　大堂，奶油色与巧克力色的甜蜜
3.6　客房休息区
4-5　盥洗室，洁净的白

小磨坊旅馆
HOTEL DU PETIT MOULIN

撰　文 | 燕子
摄　影 | Christian

项目名称　Hotel du Petit Moulin
地　　点　29-31 rue de poitou 75003，巴黎
设　　计　克里斯蒂安·拉克华（Monsieur Christian Lacroix）

"在我的童年中，住进旅馆，就是住进一个陌生的梦境，我将在那编织另一个世界，充满故事，在睡眠中，滋养我的想像……"

——克里斯蒂安·拉克华

Hotel du Petit Moulin 直译的意思是"小磨坊旅馆"。她坐落于法国巴黎古今艺术意味交融浓重的玛黑区。饭店主体是一座建于17世纪的古旧建筑，其前身为1900年开始营业的一家面包坊，神奇的是，面包坊的招牌至今仍被完整地保留着。

巴黎的这家酒店其实并非有什么品牌斥资兴建，而是由Pucci的掌舵人克里斯蒂安·拉克华一手设计，所以酒店内外，都可以找到Pucci艳丽的风格和影子。漫步游走在这个小磨坊旅馆的17个客房和私人酒吧之间，除了可以看到由拉克华如时装手绘的图样或挑选的画作之外，更多的是设想着玛黑的17种各自不同的风情。当一切都是在法式优雅中，又肆无忌惮的同时，却惊见墙面上比北欧风格的壁纸和圆点点的毯子等装饰细节，正定定地在空间中出没蔓延着……这或许就是拉克华才有的风格，每一段玛黑的风貌，在他手里，都是画笔上可供一层层涂抹的油彩，"融合"的意图也许未必，"拼贴"或许才是他高招的真意。其中一间房的墙上更贴上了被拉克华放大了的时装草图做墙纸，色彩鲜明对比强烈，就连电梯内都挂上水晶灯做装饰，实在非常夸张。

每一个楼层间，迷宫似的过道，搭配重新规划出来的功能区域，一整个概念无非就是要在旧巴黎的样式中，探索出足以历时至今的经典部分。我住在巴黎最古老的城区——Le Marais 区，Hotel du Petit Moulin 的房间里。此时已接近夜晚，黑漆漆的建筑显得有些落寞，但听说天亮以后，这里却是巴黎最富生命力的地区。

拉克华也通过它们放飞着服装设计已承载不下的灵感。当然，你依旧能在这里发现他一贯的灿烂作风——高贵豪华的装置，夺目的色彩。墙面上缤纷的桃红、艳丽的橙黄与浓郁的紫融合在一起，铺满楼梯的圆点图案地毯，皮革与丝绒纠缠在各处的寝具上。是的，每一个设计师都有自己独特的风格。一般来说建筑学的设计师设计出来的东西都是比较理性的，看出来很有空间的感觉，都是以理性分析来做的。如果是室内设计师的话就会比较人性化一点，如果是服装设计师来做就更夸张了，这里就像服装表演一样，它用的材料都很有质感，每一个房间都是不一样的，这是多个品牌和系列的融合。

她早已是巴黎的优雅密码，大部分时尚精英都把这家酒店看做是他们在巴黎的家。站在阳台上眺望埃菲尔铁塔的，在红色大堂里轻吐烟圈的，曾在这里往来出入的男人女人，绝无等闲之辈。巴黎的故事，很多发生在这个小磨房。

1　大门，温暖的灯光
2　红、白、黑，碰撞与激情
3　夺目的红十字符号与厚软的白色大床形成鲜明对比

| 1 | 2 | 5 |
| 3 | 4 | 6 |

1-4 墙之诗、墙之乐章、墙之幻梦
5 复古华丽中亦不失现代与简洁
6 床头柜、射灯,无处不设计

皇家驿栈：京城帝王梦
THE EMPEROR

撰　　文	米米
资料提供	皇家驿站
地　　点	北京东城区骑河楼大街33号
项目设计	GRAFA 公司
客　　房	55 间

1-4 温馨愉悦的"食"餐厅

　　一到北京，瑞和潘儿就打电话说要带我去一个能吃能住，不会让我失望的地方。于是，就随她们到了皇家驿栈。

　　皇家驿栈位于故宫东邻，原址是清华同学会，德国著名设计公司GRAFT保留了原有的砖墙和屋顶，将内部改造为现代化的中国大陆第一家设计师酒店。整个酒店含有55间以历代皇帝命名的客房，周围古树列道，古屋环绕，于喧闹的都市中独享宁静。

　　瑞、潘儿和我都是酷爱吃的人，进门就奔了"食"餐厅。虽处地下一层，但环境温馨而愉悦。每一道宫廷菜展示着意想不到的创意，漂亮的服务员介绍着鲜为人知的皇家故事，引人着箸。透明的地下酒窖和特色的背景音乐，令人尽享时空的交错、历史的积淀。

　　暮色降临，7点30分，响起了悠扬的音乐。"点灯了！"8个身着红袍的俊男靓女掌着8个大红灯笼走向屋顶平台，我们也身随其后到了天台"饮"吧。"升灯仪式"在传统的鼓声中完成，大红灯笼被挂在天台的每个角端。在天台酒吧可览紫禁恢弘，望景山妙亭，眺北海塔峰，景色独一无二。

　　我们被安排在一个绝佳的位置，这要归功于瑞不停地"忽悠"经理，说我们几个是建筑师，还是很个性的那种……

　　我和潘儿享受着饮吧独创的鸡尾酒和甜点，瑞从踏进天台酒吧那一刻就钟情于现场烤制的意大利薄饼和中国烧饼。露天酒吧的客人，三五一群，围桌而坐，基本都是老外。借着灯笼的光亮，潘儿说她对面的那个台子上有个露天按摩浴缸，我和瑞都感叹有这等非凡之浴。

　　或许是服务员觉得我们仨太贪吃，就透露：如果能成为当天消费最多的，可以免费入住以某皇上命名的客房一晚。瑞和潘儿来了兴致，说一定吃到把我留下，一圆帝王之梦。瑞饮尽一杯酒，开始打电话约更多的朋友，于是，龙和波如约而至。多了两位风趣男士，气氛热烈很多。转眼间就到了深夜，服务员宣告：单凭龙的一瓶红葡萄酒就足已把我"饮"进了"正德"，我可以过把大明皇帝的瘾了。

　　在服务员的"隆重"护送下，我们进入客房区。55间以皇帝命名的客房成就皇家驿栈之异彩，其皮茸墙面轻抚身心，磨砂玻璃亦巧藏朦胧，而窗外古朴的胡同，则清涤着人们内心的喧嚣。

　　客房独特于"漂浮"的内部结构，故宫的轮廓由墙绵延至床、沙发及书桌，将所有家具联为一体。房内主色是白，软包配色为橙、绿、蓝、灰。房间内配备现代化设施齐全，有旋转壁挂电视和无线上网，还可享受瀑布式淋浴和敞开式浴缸。

　　为了保证我这"皇上"能好好休息，服务员将我的一干朋友"发配"回家。瑞一直提醒我转天别忘了把桌上的纪念品正德印带上。后来，我把那块像模像样的正德印给了瑞。

　　瑞是当官儿的料，说不定天天抱着皇上的大印会升迁得快些——这是我在"正德"睡了整晚做的惟一的梦。

1　天台"饮"吧绝佳景观视点
2　散落花瓣的露天按摩浴缸
3-5　楼道的颜色单纯亮丽

1-8 客房内主色是白，软包配色为橙、绿、蓝、灰。故宫的轮廓由墙绵延至床、沙发及书桌，将所有家具联为一体

成都香格里拉酒店
CHENGDU SHANGRI-LA HOTEL

撰　　文	豆荳
资料提供	赫斯贝德纳联合设计顾问有限公司（HBA）
地　　点	四川省成都市滨江东路9号
设　　计	赫斯贝德纳联合设计顾问有限公司（HBA）

1　透过巨大的落地玻璃窗，江畔美景尽收眼底
2-3　暖色调的公共区域设计体现温馨氛围

成都香格里拉大酒店地处成都市中心的锦江区，俯瞰着风光秀丽的锦江河。酒店毗邻30层的香格里拉新办公大楼，共拥有598间客房和套房，另设有26间服务式公寓以满足不同宾客的需求。酒店的大宴会厅富丽堂皇，面积超过2000m²，15个多功能厅，同时，健身俱乐部提供康体设施。香格里拉大酒店招牌"气"SPA拥有11间豪华私密的水疗套间，内设喜马拉雅工艺品，处处充满设计元素。此次，我们采访了负责该项目设计的HBA事务所设计师，将成都香格里拉的设计理念——展现在了我们面前。

Q《室内设计师》
A 赫斯贝德纳联合设计顾问有限公司(HBA)

Q 与HBA设计的一些酒店项目对比，成都香格里拉有什么不同的地方？
A 成都香格里拉的设计充分体现了香格里拉酒店的特色，传达出了香格里拉酒店的精髓，此外我们在成都香格里拉酒店的设计过程中非常注重细节。

Q 酒店的主要风格是什么？
A 酒店设计的主要风格是具有浓郁的现代气息，色彩丰富，装饰新颖。

Q 整个项目设计最突出的特点是什么？在设计中如何体现？酒店大堂、酒吧及公共区域的设计特点各是什么？
A 成都香格里拉是成都第一家五星级酒店，最主要的特点就是打造一个具有地域特性的五星级酒店。它位于风光秀丽的锦江河畔，俯瞰风景胜地合江亭，而HBA的设计为其注入了永恒的地域感，给宾客带来奢华享受。酒店大堂、酒吧和公共区域的设计灵感源自于成都地区的一些象征性事物，包括辣椒、竹子和熊猫。酒店的设计中充分运用了竹的图案。公共区域的设计色彩丰富，采用了暖色调的香槟色和金色，陈列的艺术品极具东方特色。酒廊内有落地玻璃窗，风景秀丽的锦江和合江亭尽收眼底，在酒吧旁边的墙壁上挂着一幅大熊猫的壁画；酒吧区域饰有精美的水晶吊灯。

Q 客房的设计目标和风格是什么？HBA是如何表现的？
A 因为这是成都的第一个五星级酒店项目，所以我们尽可能地让客人感受到酒店奢华，感觉舒适。客房里配备了休闲放松必需的设施，为商务旅客准备了先进的设施。酒店拥有大面积的浴室和客房。成都的文化及传统在酒店的艺术、艺术品和结构图案中均展露无遗。 房间里的有现代化的家具，定制体现民俗风情的地毯，温暖、现代的色彩与富有亚洲特色的艺术、艺术品和有机图案实现了完美的统一。总之，客房设计融合了东西方的特色，在面江的客房里，锦江和合江亭的景色一览无余。

Q "气"SPA的设计理念是什么？
A 香格里拉成都的"气"SPA的设计灵感来源于西藏庙宇的建筑原则，融合了喜马拉雅地区的艺术品和设计元素，并充分体现出了中国特有的平衡与和谐理念。

Q 会议室的设计特色是什么？
A 会议室的设计色彩丰富，配备定制的灯光设备，定制的地毯上绘有体现当地特色的图案。

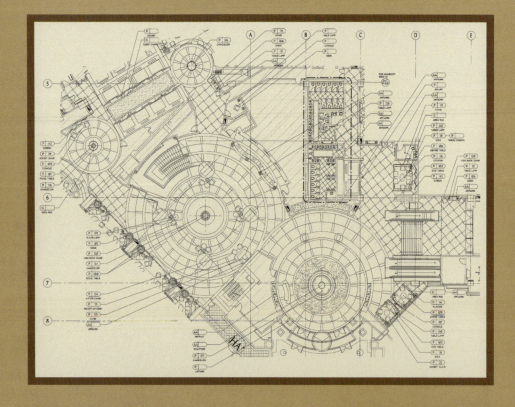

1	3
2	4 5 6

1 平面图
2 大堂
3 地面与墙面交相辉映的花繁叶茂
4 多功能厅
5 宴会厅
6 商务人士酒廊

1		3	
2		4	5

1　豪华房
2　客房起居区
3　高级客房
4　走廊
5　卫浴空间

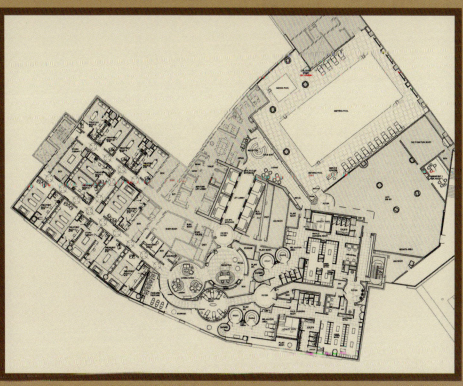

1 "气" SPA 休息区
2 "气" SPA 水疗护理
3 水疗套间走廊
4 "气" SPA 接待区
5 水疗区平面

兰会所·上海
LAN LOUNGE & RESTAURANT

撰　文	滕云飞
摄　影	胡文杰
地　点	上海广东路102号
面　积	5000m²
设　计	Patrick Gilles, Dorothée Boissier
竣工时间	2008年6月

2006年10月，由"当代世界设计师第一人"Philippe Starck 亲自操刀，历时两年精心设计完成的兰会所，在北京盛大开幕。一时间，这个耗资3亿人民币的顶级会所成为了整个设计界乃至于整个文化界最炙手可热的话题，质疑、好评、失望、兴奋蜂拥而来。姑且不论大师作品的艺术、商业及社会价值，其作品本身的出现与随后引来的争论，却紧紧跟上北京近年斥巨资兴建各式新锐、先锋的大型公建的城市建设潮流，展现了深沉、古老的京派文化的另一面。时隔两年，由世界顶级设计师 Patrick Gilles and Dorothée Boissier 协力打造的兰·上海在广东路102号的一栋老式洋行里悄然落成。这个造价达2亿人民币，号称中国最具世界艺术品位的顶级时尚空间，在海派文化的集中地——外滩，为我们展示了与兰·北京截然不同的空间体验。

整个会所分为4层，营业面积近5000m²，整个空间分为三个区域：一层和二层为中餐厅和酒廊；这两层由14m高的挑空空间上下贯通，整面的铜镜将这个中餐酒吧在视觉上扩展了一倍。四周红色的冰裂纹镂空窗棂格将该建筑原本的欧式风格的中庭，变得极具东方魅力。妖娆的漏花窗后是回字形连廊，深色连廊的另一侧便是中式大厅和雪茄吧。二层的布局与一层基本相似，分别为中餐厅和SEAFOOD ROOM。三层为宴会区，10个包厢可容纳上百位宾客；四层为米其林大师餐厅，拥有玻璃天窗的自然田园式中庭与一层酒吧空间相呼应。传统的英式黑白地砖和整体的明亮色调，与一至三层浓重的中式风格形成了巨大的反差。

与时空交错的兰·北京不同，兰·上海平面布局简洁明了。或许是由于这栋新古典主义建筑本身的局限，但同时也体现了海派文化中时尚简洁的审美取向。相较于更追求奢华气派的男性向的京派文化，女性向的海派文化的精髓则在于精致唯美、注重细节。不可否认，兰·上海的设计师正是在此方面作了很多有益的尝试。

色调：中式风格的一至二层，从屋顶到墙面乃至地板均大量采用了浓重的深木色。为整个空间奠定了神秘、稳重的主调。在此基础上，设计师大胆采用了中国红、翠绿、明黄等高纯度的颜色，增强了视觉冲击力和戏剧性。诸如一层的中式大厅的所有墙面又被赋予了热烈的中国红，就连临街的窗户也换上了红色的彩色玻璃，整面墙壁仅用深色勾画了一道中式古典图案的线脚。同样的手法也运用在三楼的小包厢中，每间包厢的内部都用纯色的绢布包裹。每间小包厢在靠近走道的一侧，都留有一个取自苏州园林的漏窗。灯光透过蒙有五彩绢布的漏窗泻出，使人恍惚间回到五光十色，酒色微醺的老上海。与中式风格用色的强烈大胆不同，四层的西餐厅以白色调为主，其间点缀了清新淡雅的鹅黄色和碎花家具。各楼层间巨大的反差，使人影响深刻。

手绘：除了出人意料的用色外，兰的室内中大量的手绘作品也是其一大特色。二层的中餐厅就被绘上了粉色的中国瓷器纹样。整个空间被烙上强烈的中式印记后，还被赋予了文静婉约的古典气质。三层的走道中则是大量的白描宫廷人物画，人物憨态可掬，古风盎然。最值得称奇的是，居然整幅画都是有六十见方的宣纸，精心拼贴、装裱而成。四层原有的穹顶形门厅，也被描画上了希腊诸神的图案，两者相得益彰，形式统一。白描手绘运用得最精到的地方，莫过于楼梯了。雪白的墙壁了，看似随意地勾画出水墨画般的树枝。打在墙上的光束仿佛一轮明月，挂在这清朗的夜空中，宁静致远。时间仿佛在此处凝结，楼梯转角处的红酒窖，掩映在这清冷的意境中，越发显得唯美典雅。

细节：细节体现品质。在现在高度机械化的时代里，唯有独特的不可复制性，才能体现物品的价值。兰上海艺术餐厅中的椅子，每一把初看起来似乎都一样，其实每把椅背后都有不同的图案，每一件都是精心特制的，同样每位客人使用的餐具也不尽相同。设计的细节还体现在那上百个不同的蝴蝶标本、精心选择搭配的植物墙，以及家具软包上绣工精致的纹样。这也许就是兰会所所一直追求的，低调内敛却讲究细致的贵族品位。 END

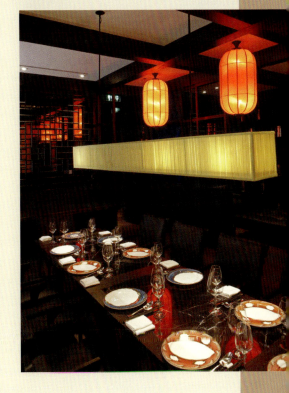

1	
	2 3
	4 5

1　一层中餐厅以浓烈的中国红为主色调
2　街景从红色的玻璃窗中透过，叙述着十里洋场的五光十色
3　三层包厢内景
4-5　安静隐秘的雪茄吧，运用大量重复的横竖线条，体现着理性的秩序美

| 2 3 |
|1| 4 |
| 5 6 |

1　巨大的铜镜将整个酒吧空间增大了一倍
2　三层的艺术餐厅放置着著名的中国当代艺术品——三峡好人
3　一侧的偏门兼具纪念品售卖部的功能
4　设计师巧妙运用了大量镜面，增强空间的变幻
5　极具中式韵味的鸟笼装饰品
6　镜像与实物相互掩映，营造了层叠深远的视觉感受

实录

1	2		3	4
5			6	7

1　浓郁的绿色包厢，整体氛围高贵典雅
2　卫生间内的每样物件都是国际顶尖品牌
3-4　宛如瓷器的墙面渗透出浓浓的女性情怀
5　清新自然是四层米其林餐厅的主要特色
6　用高档石材打造而成的SEAFOOD ROOM，令人仿佛置身水下宫殿
7　楼梯间内，一轮明月悬挂在清冷的枝头

|1|2|3|
|4 5|6|7|

1　西餐厅包厢内景
2　四层天井里的植物墙,生机盎然
3　绿叶,阳光下的下午茶,分外惬意
4-5　鹅黄色的房间与甜品一同散发着甜美的气息
6　包厢内部墙壁均被彩色丝绸包裹
7　欧洲皇宫里常见的连廊,在此被巧妙地引用

实录

名瑶会
DELICIOUS ELITE

资料提供	飞形设计事业有限公司（OFA Office for Flying Architecture）
摄　　影	Nacàsa & Partners Inc.

项目名称　名瑶会－旺座中心店
设　　计　飞形设计事业有限公司（OFA Office for Flying Architecture）/ 耿治国（Gustaf C.K.Kan）
设计团队　马立荣（专案）、顾建荣（PM）、邵绮波 / 程小丹（家具）
地　　点　北京CBD商圈旺座中心
设计时间　2007年4月~6月
竣工时间　2007年8月
面　　积　餐厅2300m²，厨房220m²
主要建材　帝王石、宇宙金麻、黑镜、木花格、亚克力门洞、木皮壁纸、果图艺术砖（马王堆系列）

```
 1
 2  3
```

1　三楼门厅入口
2　一楼大堂接待厅
3　一楼入口外观

名瑶会为业界顶级中餐品牌，实行完全会员制。推广中式餐饮文化，是名瑶会空间的文化意旨之一。作为一个以完全的现代姿态演绎传统中国文化的顶级中餐品牌，名瑶会的设计邀请着客人加入"东方"的饮食氛围，改变传统观念中中餐给人的"封闭声色赏"之印象，将中式餐饮中精致、优雅与从容一面完全展露了出来。

在空间设计中，引入了中国古典江南园林造景法，由极富现代感的材质重新诠释的空间超越了简单的商业功能性，显现出一种富于哲学意味的探索的永恒。

显山不露水，是整体感觉营造的意境概念。名瑶会的设计手法是中国古典园林造景法中的借景和框景，却使用具有现代感的材质，与历史元素展开对话；古典的含蓄奇巧加上摩登的光影迷离，在有限的空间引发无限的想像。

内敛与张扬的结合是设计的重点，其整体风格正是在这两个看起来截然相反的概念的边界上游走着，不会受到来自任何一方面的辖制，一心想要看到完全属于自己的空间。

空间手法

名瑶会的空间采用全包间的布置，使得空间具有私密性和量身定做的奢华。旅客在空间里可以有一种主宰感。

空间内多座半穿透式的圆型厢亭，在联系外部场域的同时，内部也自成别致视景。随着月洞门与镂刻墙屏的透射感，行进动线构筑出了层层叠叠、一步一景的视觉变化。一帧一帧的小景构成了空间的整体，流动着空间的意味。这些缩影不仅是一种意趣，更折射出宏观的哲学精神，塑造出了剧场式的观感。这种安排创意性地调配建筑元素，使每一个细节都具有丰沛内涵，彰显着恢宏大气、张弛霸气、低敛贵气的无国界感，带给旅客无比强烈的临场体验。

材料手法

空间利用自然材质，追忆一种虚实之间的游离。将相互冲突的物质，在空间中实现气息的和谐，化传统易学之生克、阴阳，于实景中以物态演绎。

材质——琉璃、孔雀毛、马毛、黑木家具、水晶、玻璃
色调——镶红、翠绿、雅金、瓷蓝、墨黑
饰纹——卍字纹、工字纹、亚字纹

空间哲学：大千一掌，刹那永恒

精神

空间设计的基调始终一致——借景、框景，凝大千世界于一隅；在这样的基础上，又有了进一步的凝炼——盆栽艺术。整个空间浸透了浓浓的中国情调，又富于一种具有突破感和游离感。END

1 开放区通道
2 三楼门厅廊道
3 半透格栅式包房
4 开放区餐位
5 酒水吧台
6 开放区餐位及光纤吊灯

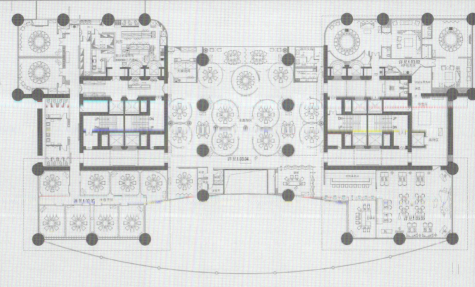

1 | 2
　 | 3
　 | 4

1　贵宾包房沙发区
2　三楼平面图
3　贵宾包房用餐区
4　贵宾包房用餐区全景

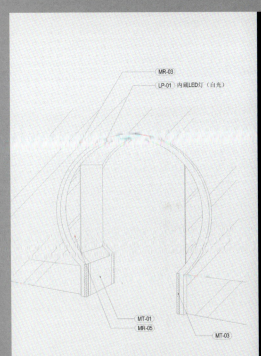

1	2	3
	4	

1 铁板区
2 详图
3 洗手间入口门厅
4 男洗手间

I.V.V.

撰　文	小川训央
摄　影	胡文杰

地　点	上海市东湖路7号1楼
设计公司	Shanghai Infix Design（上海英菲柯斯设计咨询有限公司）
设 计 师	Ogawa Norio（小川训央）、Mizowaki Takeshi（沟胁毅）
面　积	114.1m²
设计时间	2007年10月1日
竣工时间	2008年4月10日
外部装潢	框架：古铜效果彩色不锈钢
	墙壁：欧式砖墙
	玻璃：茶色玻璃
	店标：古铜效果彩色不锈钢做和纹加工
内部装潢	地面：胡桃木地板
	墙壁：欧式砖墙
	顶棚：防水乳胶漆涂装
	踢脚：胡桃木
	家具：胡桃木
	道具：古铜效果彩色不锈钢做和纹加工

"路"对于上海而言是非常重要的。想去什么地方的时候，都要说"我要去什么路什么路（即两条路的交叉路口）"。这样说甚至比告知正确的门牌号码，更能清晰地传达出你真正的目标所在地。上海的街景变化很大，每条路都有其各自的风貌，可以说"路名"是让人联想起所在区域风貌的最直接的途径。

翻开上海地图，在地图的正中间，你会找到"东湖路"。它是夹杂在繁华街道和高耸建筑之间的一抹深绿。接着你会看到优雅与威严并重的东湖宾馆。在这样的背景环境中，I.V.V.开业了。东湖宾馆建于1934年，是旧上海大亨杜月笙的住宅之一，之后曾作为银行、领馆等被使用，现在它作为星级酒店对外开放，拥有几栋别墅和宽阔的绿地。尽管时光扭转、物是人非，但老上海那繁盛华衣与人文韵致并存的容颜仍然依稀在目。

红酒也是一种超越时代被众人爱抚的东西，我想它属于这里。

上海是一座非常便捷的城市。这几年，红酒已经在这里扎根，并以非常低廉的价格被大量地销售。在享受便捷生活的另一面，最近被大肆铺陈的红酒与崭新的上海街道一样，激发了我们对即将逝去美好事物的缅怀之情。带着这种心情，我们的设计更多的是表现在用珍视的态度去进行商品展示等，意在再度呈现有传承价值之经典元素的原形。不论时空，所有的一切都要是最上乘、最考究的。要问其理由？因为，是为红酒专卖店而设计的。

希望将来大家回忆起东湖路的时候，能把I.V.V.融进街景里一起回忆。希望大家像爱红酒一样爱这家店，永远、永远。 END

1　中心陈列道具的局部
2　店铺深处看向中心陈列道具与店外的视角，在舒适的沙发坐上悠闲地试饮
3　从入口处看向店内视角

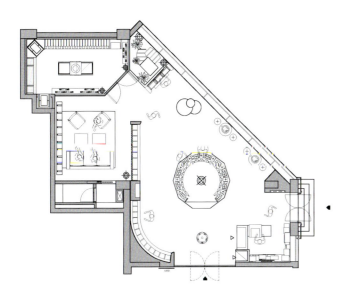
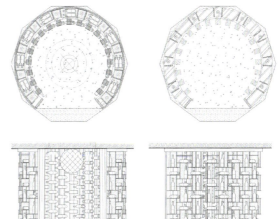

1　VIP 试饮间
2　保温窖
3　VIP 试饮间
4　平面图
5　中心陈列道具详图

伊莱克斯创意空间
DESIGN SPACE BY ELECTROLUX

| 撰　文 | 李威 |
| 摄　影 | 胡文杰 |

地　点	上海淮海西路570号H104
项目设计	Alejandro Ruiz 和 Christian Hartmann
面　积	380m²

I-3 外观及外部雕塑

　　不同于普通意义上的产品show room，来自瑞典的伊莱克斯公司耗资350万元人民币，历时9个月打造出来的企业展示空间——伊莱克斯创意空间更像是一个从不缺少美食美酒以及丰富的图文影音资料的创意沙龙。在欧洲的经验告诉他们，单单开发产品是不能取得成功的。成功来自于同设计师、建筑师和房产开发商展开密切合作。成功也意味着必须倾听来自于居家用品以外的行业的声音，探索新想法、新视角，了解市场需求，捕捉当前及未来的潮流，不断进行创新思维，并推动新想法变成现实。因此，伊莱克斯希望把这个创意空间营造成建筑师和设计师举办文化活动、找寻创作灵感的中心。

　　创意空间的室内设计本身即是一件精美的设计作品，与它所在的上海城市雕塑艺术中心浓厚的艺术氛围非常协调。由日本著名设计师伊东丰雄设计的外部雕塑甫一亮相便吸引了无数路人的眼光，谋杀了不少菲林，近期更获得Compasso d'Oro奖。雕塑白色的框架结构错落有致，随天光变幻出疏密相间的光影，引导人们沿着一条苔痕宛然的砖石小径进入展厅。展厅内部划分为展示会议区、休息区、开放式厨房、展览区、设计图书馆以及二楼错层的演讲区。展览区和会议区可举办临时展览会、小型研讨会、正式会议以及其他各种设计活动。同时还有一个顶级的Effeti厨房，能进行烹饪演示或烹饪培训。最值得一提的是其设计图书馆，它是位于意大利米兰，专为迎合设计师和建筑师们的需求而建的"设计图书馆"的第一个国外分支机构。坐落在上海的设计图书馆将和米兰设计图书馆拥有同样丰富的馆藏，并且将更多地吸收中国的顶尖设计资料，为设计师、设计公司、设计出版社和任何设计爱好者提供灵感的源泉。

　　作为一个设计师云集之地，创意空间的设计必须要通得过行家里手们专业眼光的检视，还要充分体现企业的宗旨以及创办创意空间的出发点。伊莱克斯选择了有长期合作关系的两位常驻意大利的建筑师Alejandro Ruiz 和 Christian Hartmann做室内设计，设计过程经历了长期反复的讨论和完善，最终呈现在世人面前是一个风格简洁而极富设计感，线条流畅而整合有度的空间形象。室内以白色为基调，分割部分也尽量采用透明和质感轻盈的建筑材料，使室内感觉通透开阔。顶棚堪称整个空间的点睛之笔，它提升了大厅的建筑功能，以柔美的曲线向下延伸，与墙壁、地板不露痕迹地融合在一起，力图在某种程度上将观展人士和展区空间全部包容在内。异型设计所需建材规格与常规建材不同，需要定做，很多材料和部件在国内市场上找不到，设计师就从国外带来，找国内厂家试做，常常要反复实验才能成功。设计师的苛刻与挑剔曾经将施工方"折磨"得欲哭无泪，但他们也坦承在建筑的过程中学到了很多材料和工艺方面的知识，可以说是"痛并快乐着"。另外，设计师在选择材料时也很注重环保，如包裹柱子的是美国知名环保材料品牌3FORM的产品，地板选用了天然且耐磨的竹材。配套家具也全部选用原版正品，而非外形近似价格便宜的仿制品。设计师希望通过这些细节的运用，赋予创意空间更多环保、原创的元素，在中国展现出原汁原味的欧洲设计风格。

　　现在，创意空间已经成为分享与设计、建筑整体理念相关知识、灵感的地方，不经意间就能在此看到设计界的熟面孔。每逢活动开场，体现先进科技与设计理念的厨房提供美食美酒，设计图书馆有佳客盈门、书香盈袖。讨论聚焦于和居家生活有关的领域，如家具、照明、色彩、新的室内装潢材料等。居家生活的创新和可持续性/生态设计、餐饮/美食/烹饪以及中欧两地设计的相似与差异也是此间的常谈常新的话题。 END

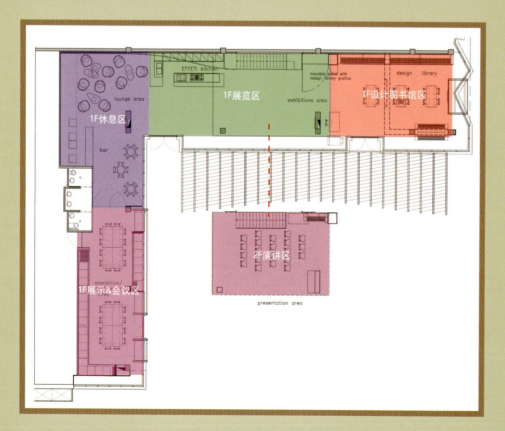

1		3	
2		4	5

1　二楼窗景
2　平面图
3-5　一楼设计图书馆区

实录

| 1 | 2 3 |
| | 4 |

1　二楼演讲区
2-3　隐蔽的楼梯
4　一楼休息区

实录

江湾体育中心
JIANGWAN SPORTS CENTER

撰 文	陈峰
摄 影	Tommy

项目名称	创智天地江湾体育中心
地 点	上海杨浦区国和路346号
项目设计	同济大学建筑设计研究院
竣工时间	2008年5月

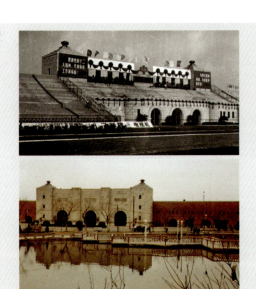

近年来，老建筑改造已成为业内外的关注重点，但大多老建筑都集中在民用建筑，以民居、餐厅、酒吧等小规模工程为主，近期，始建于1935年的创智天地江湾体育中心已改建完毕，成为一道独特风景线。

江湾体育中心的前身，是上海市市级文物保护单位和优秀历史建筑，拥有70多年历史的江湾体育场。始建于1935年的原江湾体育场，由董大酉主创设计，曾有过"东亚之最"的美名，是大上海计划的中心建筑，中国现代体育的发源地之一。

此次的改建同样秉持时下流行的"修旧如旧"理念，历时四年之久，完成全面修缮改建。2008年5月，江湾体育中心全面开放。它的主体包括综合体育馆、游泳馆、室外球场区、足球场四大部分，并设有大型停车场、中式庭院等配套设施。综合体育馆内设40m×23m的大型场地，可举行篮、排球、羽毛球、乒乓球等室内球类运动和赛事，还开设了瑜伽、有氧操、拉丁等健身课程；占地千余平方米的大型室内泳池，配合先进的淋浴、更衣设备，成为沪上水上休闲运动的乐园；室外球场区内时尚的3~5人制笼式足球、网球与年轻人喜爱的篮球则将掀起户外运动热潮。而拥有四片标准比赛场地的足球场，将成为草上球类运动爱好者的首选地。四大场地整装待发，周边环境焕然一新，江湾体育中心拭去历史的尘埃，焕发出全新的运动异彩。

1-2 江湾体育中心旧貌
3   拱门
4   田径场
5   夜景
6   门厅
7   体育馆
8   游泳池

实录

AmbiScene：探索商业价值的照明哲学

撰　　文	Vivian Xu
资料提供	飞利浦公司

19世纪，随着百货公司这一新兴商业零售模式的大量出现，传统的小零售店迅速退出了历史舞台。购物、消费也成为商业化社会里人类生活的主要场景之一。广泛采用包括照明手段在内的工业化时代成果，吸引消费者的关注、从而赋予消费者更多时尚体验的商业设计也成为推动商业发展的主流力量。德国哲学家西美尔的在其代表作《时尚的哲学》中就写道："越是容易激动的年代，时尚的变化就越迅速，因为需要将自己与他人区别开来的诉求……接受了时尚的人有这样的满足感：他或她觉得自己接受的是特别的、令人惊奇的东西。"

商业设计，锐化商品的美学特征，让人们感受到消费的瞬间快感。而这种消费行为的产生，离不开捕捉消费者多变的购买诉求。为了贴合消费者不同的购物动机，利用照明手段改变商店设计的核心成为目前室内设计领域内广泛关注的焦点。此次，我们选择了飞利浦公司推出的"情景照明"（AmbiScene）作为实例来解读这一趋势。

"情景照明"系统是一个集合了陶瓷金卤灯、LED等尖端照明产品和基于对商场照明的理解而制定的控制系统。运用灵活、简便的照明来增强品牌零售商店内的品牌标志，以最佳的方式展示产品，根据不同季节的具体材质、颜色等调节照明，更能呼应不同购物者的情绪、消费动机，通过智能化的控制系统以一种更简单、更自然的方式完成情景、场合的切换。这一概念主要通过简单触摸按钮，瞬间改变室内色彩，从而轻松地改变商场的氛围。充分灵活地适应购物者不断变化的动机，对现代商业价值的照明哲学进行了创造性的探索。

"情景照明系统"更是早已成为国外设计师的新宠。比如位于荷兰阿姆斯特丹的一个深受年轻人喜欢的品牌"Shoebaloo"鞋店，店堂位于19世纪的一座建筑物内，呈封闭式的小长方形，墙壁、顶棚和底层地板都是由半透明的塑胶块组成，很像一个长方形的太空舱。设计师在设计的过程中充分考虑到展品的光彩展现，引入消费者对品牌的情感因素，让消费者的购物变成一个愉快的情感旅程。其白色的墙面采用了光滑发亮的材质，墙壁上每个凹下去的塑胶块都可以放一双鞋。在AmbiScene程序的帮助下，店员可以随心设置店内的发光模式，比如在前部发蓝色的光而在后部就发红光，这些转换通常可以在5分钟甚至更短的时间内完成。交叉运用多元的设计元素、延续性地传递产品的信息，并利用光影和产品的对照来展示店堂风格与产品本身风格的统一，是新商业时代照明哲学的精髓，也成为飞利浦AmbiScene的独到性格。

近日，飞利浦全球AmbiScene Even首次登陆上海和广州，在"情景照明的魅力"上海现场，飞利浦的照明设计师们在一室之内模拟出服装店、鞋店、家电柜台和车展等不同场景，更让在场观众直观感受到AmbiScene应用的广泛性和成熟度。比如在模拟了鞋店的柜台背景瞬间幻化出十几种不同颜色的展区内，参观者可通过点触PDA或计算机上的颜色选择按钮来挑选桃红、绯红、浅紫、亮白等不同颜色，而最新潮流的鞋款也在色彩的变化间切换出不同的风情，充满着未来的时尚感觉。使用者只需通过改变灯光的颜色、对比度、方向和亮度等，曾经熟悉的商店也能瞬间"换妆"，不仅能持续满足消费者求新求变的需求，更可以创造出让消费者惊喜的购物体验。

1　情景照明使个体成为注意的焦点
2　位于荷兰阿姆斯特丹的Shoe Baloo鞋店以灵活、动态和交互来利用光线
3　情景照明可以营造不断变化的世界
4　轻触底座，鞋柜上方的LED灯应时而亮，耀动的色彩与鞋款的设计交相映衬
5-6　传统印象中白色的家电展示墙，在AmbiScene的调控下，有着几乎接近无限的色彩表现力，墙上的产品也仿佛经过了灯光的"二次设计"，表达出后现代的多层次意味。
7　车展台上的Mini Cooper，在变化的灯光中更显俏皮和活泼的本性

照明

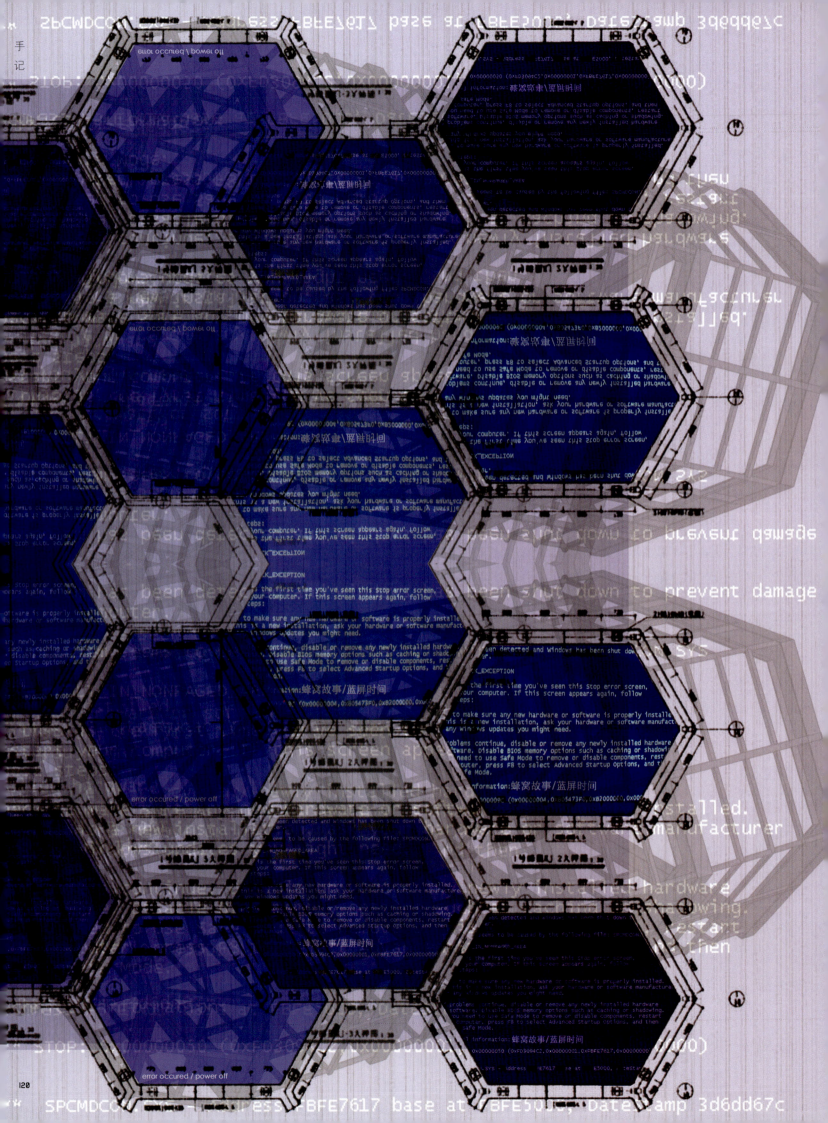

手记

蜂窝的故事之[蓝屏时间]
HONEYCOMB STORY-BLUE SCREEN OF REST

撰　　文	林屹峰
资料提供	杭州天澜设计院

> 博采蜂窝摄影棚的项目由于一些原因，暂时进入修整期。由于涉及到商业机密，这些原因目前无法公布。我们原计划通过半年6期的连载，希望能全面地讲述蜂窝摄影棚项目的方方面面的故事，这目前看来已经是不可能完成的任务了。蜂窝故事的复杂性远远超过了6篇文章所能承受之而。关于蜂窝项目前我们无法做出一个准确的计划，我们将根据项目的发展在网站和博客上及时更新进展情况。

上期蜂窝故事之蜂窝空间50问发表后，我们陆续收到了国内外厂商和设计师的回复，尤其在BAS(Building Automation System)建筑自动化控制方面，我们得到了很多最新的资料。对于场景控制系统的资料整合和整理工作正在有序开展，我们也针对一些控制化系统安排了内部的一些测试。一切都处在掌控之中。由于工程进度和其他一些幕后的原因，在这期我们无法按时解答上期的问题。我们希望等到相关测试工作成熟后，能带给大家一些真正的惊喜。

没有意外的故事不是好的故事，面对很多计划外的变故，我们暂时需要停下匆匆的脚步，在闲庭信步中慢慢体味它带来的意外之喜，就象微软的PC遇到蓝屏，一个真实的蜂窝故事需要这些意外。

在写下这些文字的时候，随着北京奥运的结束，狂热也将随之褪去，后奥运时代的空虚接踵而至。太多的金牌影像在使得我们亢奋的同时，也让我们有些语无伦次，无穷的影像故事彻底冲跨了我们的大脑。蜂窝里现在什么也没有，只充斥着我们的想像力。

本期是我们对于蜂窝项目的回顾和前瞻。对于蜂窝项目的过去和将来，我们整理出了一些关键词句，希望清醒的读者可以帮助我们从后奥运综合症的混乱和无序中解脱出来。

关于蜂窝故事的过去

乐富·智汇园 [Loft Power] 是杭州第一家引入定制化开发理念的工业创意园区。

创意工业园区是创意人（个体和团队）物以类聚的场所。

定制化开发团队是创意地产开发的核心。

天澜·UPA 上层建筑不是政治组织，而是建筑设计组合，策划和设计了整个园区。

博采蜂窝摄影棚是为博采量身定制的以电影后期制作为核心的专业电影制作公司，是中国最大的室内电影摄影棚。

跨建筑的工作方法是将设计师们的专业模糊后重新整合的一种设计方法。

项目日记是关于项目的可以公开的纪录。

头脑风暴是普通设计师颠覆资深设计师的最佳和最快的方式。

设计师的角色在蜂窝项目中是不确定的。

电影语言/设计语言是可以共通的。

蜜蜂和蜂窝是蜂窝故事的原型。

问题是我们介入这个项目的一种设计方法。

蜂窝结构是对自然生态的继承，是对四平八稳的传统构造的叛逆。

叛逆是创新的源泉。

反装饰是对空间体验式设计理念的通俗解读。

有感情的机器是指和人的活动、气味、光线、声音等有互动响应的智能化室内系统。

室内建筑师是塑造室内空间的建筑师，而不只是雕琢表面的光艳和精致。

讲故事不是简单意义的"叙事"，而是一种设计方法。

蓝屏是指PC电脑死机后呈现在屏幕上静态的蓝色图像。在蜂窝项目中蓝屏将作为员工超负荷工作的警告画面出现在蜂窝的大玻璃上。

蓝屏时间是指紧张工作后的短暂休息和反省阶段。

关于蜂窝项目的将来

我们将整合和实验 BAS 和 IIDS (INTELLIGENT INTERIOR DESIGN SYSTEM) 智能化控制系统。

我们将设计场景的控制界面 (Interface Design) 并申请技术专利。

我们将利用智能化设计的开放性，为将来蜂窝入驻者提供互动的场景体验。

我们将使用大量的电子传感器来实现可"自动调节感情"的室内空间的营造。包括温度感应器，湿度感应器，CO_2感应器，背光强度感应器，噪声感应器等。

我们将利用汽车的制造工艺来设计进入蜂窝的舱门。

我们将暴露蜂窝背面的所有管道，通过标示和颜色来隐喻窥探的乐趣，展示电影舞台"不为人知"的一面。

我们将把室内装饰的成份减小到最低，突出空间营造，强调体验快感。

我们将室内设计、建筑设计、工业设计、图形设计、自控界面设计等多学科整合形成一个新的领域—空间系统设计。

我们将和博采、智汇园 LOFT POWER 一起努力，尽早确定开屏时间，将蜂窝故事进行到底。END

《设计素描》课程教学

撰 文	王琼、徐莹、李璨、钱晓宏、汤恒亮
资料提供	苏州大学金螳螂建筑与城市环境学院

2008年8月,苏州大学金螳螂建筑与城市环境学院和苏州工艺美术职业技术学院联合举办了《室内设计专业教育改革研讨会》,介绍了他们室内设计教育改革的实践和设想。下面刊登的一份课程教学大纲和一个课题的全方位记录或许会给我们带来一些启示。

教学目的

设计素描是室内设计专业的基础课程,该课程有着室内设计专业独特体系的个性特征。通过教学,引导学生对室内设计专业相关的室内陈设品具有敏锐的感受能力,在此基础上正确表现陈设品的形体结构、层次转折、材质肌理,以便上升到具备利用多种技术方法合理处理形态的能力,即培养学生具有室内设计专业的画面表现能力。本着使学生顺利从写生过渡到设计这一目的,调整教学的方法、手段。培养学生具有室内设计专业的创意能力、室内设计专业的空间想像能力以及一定的自学能力,获取信息的能力,从根本上提高学生审美能力。为今后的室内设计打下坚实的基础。

首先把所有的课程被细化和分解的课程整合起来,按照设计的方式,科学地进行有机的组合,比如说从一年级的素描写生开始就并入版式、平面、构成甚至于制图,进行一定程度的打包,这个改革方面对于教师的要求是非常高的,它要求老师本身绘画能力、设计能力以及其他相关课程的教学能力,有极好的综合和掌控能力。换句话说,每一单元的素描课程,包含了上述的要求,也就是说课程可以一起上,学分可以分开打,实际上就是把一单元的素描课程里包含了素描、平面、构成、徒手制图这几个方面,以及相应物体的尺度关系。

由于打包,会把分散的课程相对集中,第一提高了时间效率,第二加强了相关课程的联系性,使学生能够在培训的一开始就建立了整体性一贯性的思维方式,同时也符合设计艺术基础教育的基本规律,这个基本规律就是要使物体的两维性、三维性和四维性,避免孤立的去接触一门学科。

将原有的素描、色彩进行优化,删去不必要的表现过程,诸如光影的表达、细节的塑造…… 有别于绘画类基础教育的部分特征,真正能够体现出对于设计基础培养的重要性。

在建筑形态、制图、单元设计、模型制作、徒手表现也进行有机的整合和优化,以正确的设计流程和方法来连贯这些课程的设置,如确定主题、假题真做,使学生严格按照设计流程来进行完整的阶段循环。这种循环是由浅入深的,如一个小的专卖店设计,确定题目后按照正常的设计流程由浅入深地来做,但都是一个完整的题目,以这样的形式来带动,分别将其以细分的课程来进行打分。

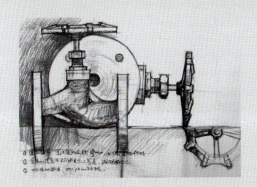

教学内容

设计素描课程分六大内容

1 结构素描

该课程是以理性分析的形式观察物体，在画面上揭示物体的结构特征。培养学生掌握用分析的方法理解物体，并用结构素描技巧将物体描绘出来，通过分析和描绘的手法，将物体的结构和形态进行分解和组合，引导学生以理性的科学的方法加以描绘的技巧准确表现物体的形体结构。学生通过类似于结构素描的训练理解，并掌握形体的结构、比例、透视、空间层次等，在这过程中加强透视性，要求学生讲究构图，适度阴影、材质表现，重点把咬合关系。传统观察的角度以配合眼手脑的协调和表达。评分要求构图、形象、透视、形体的穿透性表达等。

2 平、立面组合

依然通过写生的方式，对设计思维的初步探索，表现一定的抽象性，让学生理解尺度、版式、构成等。对物体不同角度的四围性完整理解，同时有机地整合表现在图纸上。评分要求有构成的成分在里面。

3 拓展

开始设计阶段，抽象、概括、再表达过程，创造性思维的培养。元素提取，运用构成中变异、延续、交织、特异等方法的拓展，从而进行空间的想象，评分要求强调画面构成，提取元素能力、联想能力等。

4 影的表现

介入数码相机，来进行对光影的感知，抛弃传统的光影素描、徒手绘画，完全通过一定的媒介来分析和感知，掌握光影变化、强弱等方面的训练，在某程度上压缩时间，同时配合文字的描述，表达自己的对光的印象和理解。

5 建筑速写

该课程是以线条的形式表现带有建筑物的场景空间与人物，在写生中强调建筑物透视的准确，空间表现的合理性，场景中人物结构、比例准确处理。

6 室内家具或空间临摹

该课程是临摹室内装饰杂志或书籍已有的家具或空间对象，在此过程中强调室内装饰物的尺度及其平立面的正确表现，材质的描绘等，让学生在临摹中创造。

适用专业：建筑装饰设计

所需学时：160 学时　8 学分

选用材料：自编教材

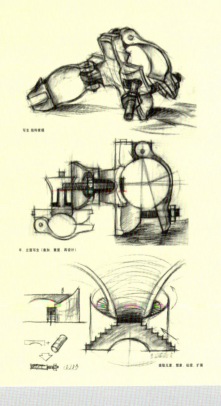
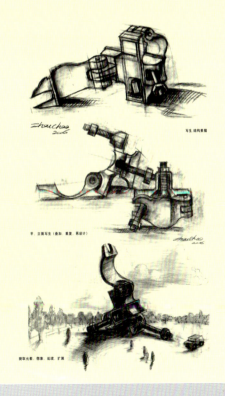
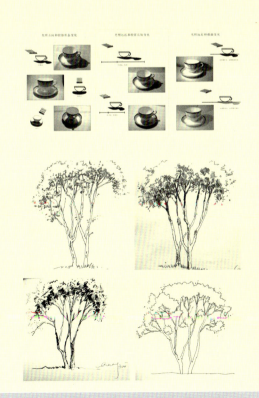

第一单元

1 课程标准

1.1 内容：结构素描

(1) 透视学的基本理论

(2) 室内设计结构素描的特点

(3) 结构素描的步骤与方法

(4) 结构素描的线条表现方法

1.2 性质：课题：围绕室内陈设品展开的写生练习课题。

题材：以研究室内陈设品的结构穿插关系为前提，将不同场景性质的室内陈设组合，形成美的有意味的形式。并用线条的形式表现物体的结构与体面关系及透视规律。

选择范围：

写生题材之一：几何体、静物组合

写生题材之二：文人情结系列组合

茶几（木）、树根（树）、茶杯（青花瓷）、绒布（纤维）

写生题材之三：欧式系列组合铜车（铜）、盆花（植物）、鸟标本（动物）、希腊柱头（石膏）

写生题材之四：中西合璧式系列组合

红木椅（木）、圆车（铜）、牛仔裤（纤维）、皮靴（皮革）

写生题材之五：灯光系列组合（光源练习）

打光灯（灯具）、包装箱（木版）、草绳、报纸

写生题材之六：厨房系列组合

刀板架（木）、刀板（树）、包菜（蔬菜）、带轮铁架（铁）、铅桶、铁勺（铁）、麻袋（纤维）

写生题材之七：皮衣与椅、家具等组合系列

皮衣（皮革）、靠背椅（金属）、锡壶（锡）、瓶、罐、衬布

写生题材之八：器械组合系列

水管、发动机、角手架、机器零件、螺丝帽等

写生题材之九：室内、校园一角

学生自己寻找适合的写生场景

写生题材之十：室内空间一角（带门或窗）、室内走道楼梯一角、建筑外墙（门窗）

工艺设定：以木炭、炭精棒或木炭铅笔为画面表现的工具，提倡表现方法的多元。

1.3 作业数量、规格：以小幅4K画面逐步扩大到2K画面

由小场景扩大到大场景

小幅 4K 2张 每张2课时

大幅 2K 2张 每张3课时

1.4 作业质量描述：遵循课程的要求以四个方面考核学生的画面质量：

(1) 结构素描的语言

(2) 形体结构的准确

(3) 透视规律的掌握

(4) 线条富有表现力

(5) 尺度的正确表现

第二单元

1 课程标准

1.1 内容：平立面组合

1.2 性质：课题：根据前一写生内容进行变形组合。

题材：以研究室内陈设品的结构穿插关系为前提，将不同场景性质的室内陈设组合，形成美的有意味的形式。并用线条的形式表现物体的结构与体面关系及透视规律。

选择范围：（同结构素描一致）

1.3 作业质量描述：遵循课程的要求以四个方面考核学生的画面质量：

(1) 版式构成

(2) 平、立面表现准确

(3) 组合形式美观

(4) 尺度的正确表现

第三单元

1 课程标准

1.1 内容：拓展

1.2 性质：课题：根据前两个内容进行空间想象。

开始设计阶段，抽象、概括、再表达过程，创造性思维的培养。元素提取，运用构成中变异、延续、交织、特异等方法的拓展，从而进行空间的想像，评分要求强调画面构成，提取元素能力、联想能力等。

作品分析

设计者已经在PVC管的形态中看见了建筑空间部分的东西；显然他观察时他们没有那么固定原有的写生的物质条件。那么这就是我们可以从中学到的——新的机制可以形成于这些部分新的组合，这些部分通过置于一条新的联结纽带上而从原有的环境中被释放出来。从静物中通过对元素的的提取，进行空间形态联想。形成了建筑的交通空间。

作品分析

通过对椅子的写生，产生了对椅子的形式语汇的兴趣。像六面体、柱体、三角形等这样的形式被不断组合在作品之中，对建筑空间的理解构成了这些形式的意义。以这种方式是去理解原始的建筑空间，去重组这些形式要素，赋予这些形态要素新的意义，以创造一种具有形态学和类型学特质的新的建筑空间形态。

1.3 作业质量描述：遵循课程的要求以四个方面考核学生的画面质量：

(1) 文字表达准确

(2) 空间想像有特色

(3) 版面形式讲究

(4) 尺度的正确表现

作品欣赏

通过第一步静物的写生、第二步平立面的变形，对于物体的形态、体量有了充分的认识。到了第三步，要求利用静物原有形态进行空间拓展。

由圆柱体、球体、柱体、长方体联想起这一建筑。实体与虚体相结合。第一为单体初步探索，第二为单体组合的探索。圆体与柱体结合，注重横向、纵向、高低、主次等关系。一部分是混凝土的封闭空间，由于建筑为实体且封闭。从而产生独特的光线，传递出一种神秘而宁静的意境，表达空间的神秘感。连接实体部分的是钢架结构的半开敞空间，轻巧的结构让光线充分透过的同时营造了一处开敞的共享空间。

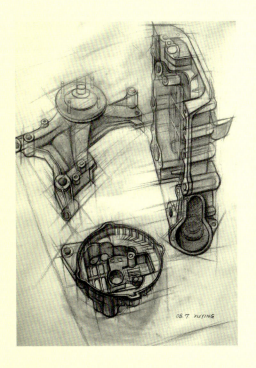

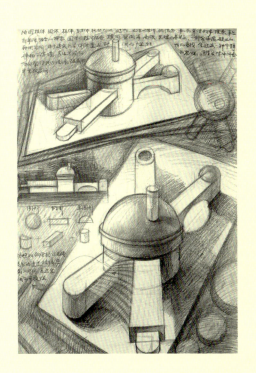

从几何写生中过渡到平、立面，提炼出几何形体方、圆为建筑外形的基本元素，使平面转化为三维立体图形，使形体解散重组，构成新的组合方式。这些元素是来自写生物体本身，在这些元素中再找出那些认为是永恒或类似的形式。在大多数情况下，这些元素已经失去了它本身的含义并与现代建筑语汇相容，恰恰是利用这些元素和新的建筑空间形态建立起一种超越时空的历史的联系，而且运用写生物体本身的元素来加强这种联系。

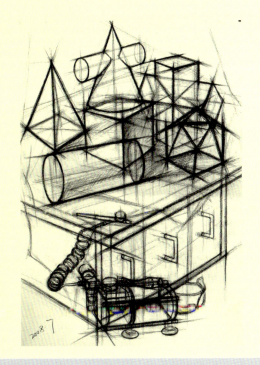

第四单元

1 课程标准

1.1 内容：影的表现

1.2 性质：课题：根据前一写生内容进行变形组合。

题材：以研究室内陈设品为前提，将不同场景、光影的前提下，介入数码相机，来进行对光影的感知，抛弃传统的光影素描、徒手绘画，完全通过一定的媒介来分析和感知，掌握光影变化、强弱等方面的训练，在某种程度上压缩时间，同时配合文字的描述，表达自己的对光的印象和理解。

选择范围：静物

第五单元

1 课程标准

1.1 内容：建筑速写

(1) 建筑速写的构图要点

(2) 人物的结构、比例与简约画法

(3) 建筑速写的步骤、方法

(4) 中外建筑速写作品的介绍

1.2 性质：课题：围绕建筑速写展开的课题

题材：寻找有意味的建筑与环境进行速写

选择范围：

写生题材之一：室内

写生题材之二：街景广场一角

写生题材之三：带商场柜台的内建筑

写生题材之四：小区建筑门楼

写生题材之五：街边小景（太湖石）

写生题材之六：公园建筑

写生题材之七：纪念性建筑

写生题材之八：车站、码头

写生题材之九：游乐场建筑

写生题材之十：商铺

程序：先临摹建筑速写名作，后进行实地写生。

工艺设定：以不同的工具在纸面上表达。铅笔、木炭铅笔、钢笔、圆珠笔、针管笔、毛笔。

1.3 作业质量描述：遵循课程的要求以四个方面考核学生的画面质量：

(1) 速写的语言

(2) 建筑物的透视

(3) 人物的表现

(4) 建筑速写的形式美感

第六单元

1 课程标准

1.1 内容：室内家具或空间临摹

1.2 性质：课题：围绕书籍上的室内陈设品展开的写生。

题材：以研究室内陈设品的结构穿插关系为前提，将不同场景性质的室内陈设组合，形成美的有意味的形式。并用线条的形式表现物体的结构与体面关系及透视规律。

选择范围：

写生题材之一：室内家具

写生题材之二：空间中的门或窗

写生题材之三：楼梯或走道

写生题材之十：建筑外墙（连门窗）

工艺设定：以木炭、炭精棒或木炭铅笔为画面表现的工具，提倡表现方法的多元。

1.3 作业质量描述：遵循课程的要求以四个方面考核学生的画面质量：

(1) 透视准确

(2) 尺度比例正确

(3) 材质表现

(4) 整合中排版构成有创意 END

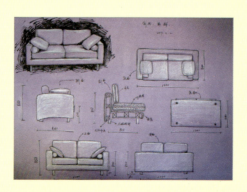

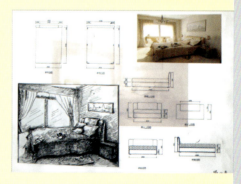

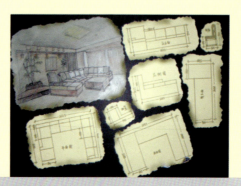

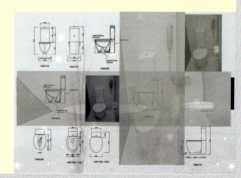

厂房改建
一个主题式教学课程的全记录

耀 文 | 周潮
资料提供 | 苏州工艺美术职业技术学院

2007年10月,法国国民教育部派遣3位法国专家来我院进行关于教育教学法的培训。通过大量法国教师的教学实例,向我们呈现了法国院校课程设计的新方法与高要求。课程接近尾声的时候,法国专家向参加培训的老师布置了这样的"作业"——背景:北京2008年奥运会,主题:可持续发展的环境,需解决的问题:卫生,要求1、提出明显区别于其他的一种展示新效用或者新用途的设计,它能够渐变为不同设计领域(时装、产品、空间、平面)或工艺美术的设计作品。2、设计3个不同的教学思路。

要求每位参加培训的老师要根据自己的专业、所任的课程,结合以上的要求设计并实践一门课程。

2007年是我院环境艺术系教学试点改革的第二个年头。在王琼老师的指导下,教学试点班进入了第二学年的学习,王老师所倡导的主题式教学已取得一定成效。

本课程的设计就是在这样的大背景下展开的。

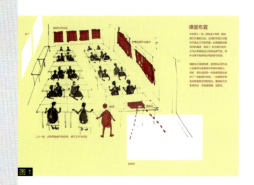

课程设计阐述(图1)

首先,旧建筑改造是一个很适宜作为主题式教学的课题,能将二年级的一些必修课涵盖其中。其次,2008年北京奥运将至,在"绿色奥运"概念的倡导下,大批工厂迁出北京市,遗留下大批厂房。对于这些厂房的改造与利用成为当下一个现实问题。

3个不同的教学思路是这样设计的:从场地空间功能的划分上为学生制定了公共空间、商业空间以及居住空间3个不同的设计思路,要求学生通过对于现场的勘察与分析,来确定自己改建方案的方向。通过学生间两两搭配合作的方式,利用8周时间来完成一个方案的设计。采取两人合作的方式为的是培养学生的团队精神,因为设计需要相互合作配合,是一个团体合作的过程。

课程基本情况介绍

这是一个组合课程群,内容涵盖了中国传统文化概论、装饰施工规范、家具工艺、室内设计(二)、陈设与绿化设计、摄影以及PHOTOSHOP电脑技术,总课时128课时。本次课程是把练习和项目内容有机地串在一起,通过一系列的作业对学生进行系统训练,并在练习、项目部分以及教学的目的方面,反映出学生最终学习效果。

本课程旨在通过科学的方法培养学生对设计所有环节及其分支课程的掌握,所有课程整体"打包",通过实战,来使学生达到对设计方法论的验证与把握。采用的方法为:首先设置课题,利用8周左右的时间,串联所有的科目。在实施过程中,通过不断研讨、讲评,使学生了解所有相关行业的重要性与设计学科运用的广泛性。同时,结合指导教师的教学经验和设计实践达到课程对于学生的目的性培养。

该课程的主要功能是将原先分散、孤立的各个专业课程有机"串联"为一个整体。通过虚拟的厂房改建项目,学生实际参与到项目设计的各个环节,从最初的场地测绘到最后的方案成型与阐述,模拟设计项目的实战,从而有针对性地培养学生的能力,使学生达到对设计方法论的验证与把握。

该课程的先导课程为长达一学期的专卖店设计课程,通过先导课程使得学生首先熟悉了主题式教学的形式以及规范要求,并初步了解实际设计项目的各个阶段及其需具备的能力。在先导课程中,一些基本技术能力得到解决:场地测绘、建筑速写、CAD制图、3DMAX等。

本单元课程紧接先导课程,采用同样的方式,但在期限、具体设计要求、作业形式上有了更多的要求与限制。同时,在其中穿插了一些新课程,并要求学生在作业上体现出对这些新科目的掌握与理解。

后续课程为10周左右时间的主题式快餐店设计。厂房改建课程为后续课程打下基础,设计方案逐渐由原先的概念性向实际性转化,各方面的要求越来越接近实际设计项目的要求,以达到与三年级企业实习与毕业设计的有机衔接。

项目场地介绍(图2)

该厂房为5层梁柱结构建筑,建于1980年代,主要用作仓储功用,现为金螳螂艺术品公司所在地。建筑场地位于古城运河边,人民桥南,毗邻苏州南门商业区,周边有河滨绿化公园,游船码头,第26中学以及居民小区。厂房紧邻苏州近代民族工业的代表——一丝厂旧址。

课程总体目标

2008年北京奥运会将至,可持续发展的理念越来越受到重视,在这样的背景下,要求通过学生间的两两合作,模拟真实项目,为限定的某一空间(旧厂房仓库)设计一整套的改建方案,使之成为具有一定功能性的可利用空间,变废为宝,为人所用。要求在"灵活高效"、"健康舒适"、"节约能源"、"保护环境"的原则下,使该改建方案体现出可持续发展的环保理念。改建方向分为公共空间(小型体育馆、小型展览馆等)、商业空间(款各空间,如酒吧、咖啡店等)以及居住空间(LOFT公寓)3个方向,但学生也可以在遵循课程目标要求的前提下,选择其他方向。

图3

图4

图5

作业方式

全方位纪录的小作业（A3本），整个项目过程的全部内容都包含其中，包括所有的草图、文字、会议纪录等。

小作业的重要性：对于教师，可以通过小作业考量学生整体设计思路命脉的正确性，其次，这一全过程的纪录能充分暴露各个学生的不足之处，同时也能反映出个人的优点，这符合设计的个性化教育原则，通过巩固、拓展各人的优点来培养优秀的设计师。对于学生本人来说，小作业是对过程中思维成长的全纪录，使学生有效的总结和发现自己，看清自己的思维方式、方法是否与教师的要求具有同一性。

大作业，即作品、设计成果的汇报与最终展示。其完建立在小作业的基础之上，具有展示效果，是汇报成果的成品，这是整个项目设计的一个最终结果，是必须的。大作业包含了多种制作能力的培养：包括3D MAX、排版、CAD、模型等等。

课程阶段设计

调研阶段：（第1周）

组织学生到改建目的地进行测绘与勘察。要求组员测绘数据，记录勘察周边环境，通过摄影、速写、文字等多种方法完成对于改建目标的考察与分析，并整理综合，提交一份关于建筑与周边环境的报告。

结合调研结果、先期提取的关键词，选择改建方案方向。教师提供三个改建的思路：公共空间、商业空间以及居住空间。学生可任意选择，也可选择其他方向的思路。

概念草图阶段：（第2~4周）（图3）

在概念草图阶段之初，由学生自由发挥，选择改建的方向与方式，由学生自己发现和解决问题。鼓励学生组员之间，组与组之间的探讨与分析，并全部记录。在有了一些想法和草图之后，通过汇报，了解学生的进度以及遇到的问题。在这一阶段后，教师引入一些厂房改建的案例以及国内外一些优秀的生态建筑样本，较系统的讲解绿色室内设计原理。学生据此对自己的方案进行调整。这一过程中，会加入中国传统文化概论的课程。本阶段学需要学生收集大量的相关资料，可组织去图书馆或实地参观，以加强其感性认识。

在对绿色室内设计与生态建筑有了一定的了解之后，学生调整自己方案的平、立面布局，通过2~3次的审图，基本确立平、立面与建筑外观改造的方案。

设计方案深化阶段：（第5~6周）（图4~5）

根据前期确定的方案，进一步深化方案，绘制CAD图。这一过程中，组织学生跑材料市场，邀请外聘老师讲授施工规范，帮助学生完成施工图的绘制。这一阶段，教师个别与同学进行方案的探讨与设计，修正平、立面图，并鼓励同学间的相互探讨与研究，使得方案进一步的深入和具体化。

效果图与排版阶段：（第7~8周）（图6~8）

在平、立面确定的基础之上，开始电脑效果图的绘制。效果图的重点应在于帮助阐述设计者的方案与设计理念，而不仅仅在于追求精美逼真的效果。更多用于阐述空间构成、空间关系的效果图是每组的重点。在制作效果图之前，应对于最终版面的形式有一个构思：效果图的形式应服务于版面的形式，而版面的形式应符合改建方案的理念。

在课程中穿插加入PHOTOSHOP技术以及版面设计原理，通过赏析优秀的平面设计作品，提高学生的版式能力。

展示与汇报阶段：（第8周）（图9~12）

学生完成版面的设计，结合前期所有绘制的草图与文字材料，进行展示，阐述汇报设计方案。在汇报过程中，由几位老师当场进行点评与评分，同时要求其他学生对于汇报的同学提出问题和进行评价。

课程总结

为期8周的厂房改建项目按预期目标完成，所有组别均按时完成了规定的课程任务。17个组别中有6组达到了优秀的等级，8组达到良好，还有3组存在着一定的问题。在课程的过程中，大部分的同学表现出了良好的学习能力，具备了一定的信息整理分析能力、创意能力、发散性思维能力，对于绿色室内环境设计、绿色环保建材、生态建筑理论知识有了一定的掌握，并能将这些知识运用到设计的方案中去。一部分同学在课程中表现出的刻苦与努力给人留下深刻印象，其对于方案完善的愿望成为课堂与课后学习的动力，也是其方案获得理想结果的保证，这部分同学的能力在8周中的提高是有目共睹的，值得肯定。

课程中，也有问题出现：少部分同学片面的将软件的学习放大为整个课程的全部内容，以至影响到方案前期的信息整理收集、概念草图阶段的创意以及材料的调研，曲解了课程的本来目的。这个问题在室内设计专业的同学中，具有一定的普遍性。对于这一部分同学，应在后续课程中加强对其学习方法、方向的引导，使他们认识到学习的根本目的。

8周的主题式教学课程，教学法的实施以及效果得到了诸位法国专家较高的评价，有了一个比较好的结果。其主要原因首先是对于主题式教学法的选择，这是他们非常认可的一种教学方式，在国外也很普遍；其次，课程的设计较好地遵循了他们的期望，——对应了教学法作业中的要求；第三，学生作业的质量与数量较好的反映出了教学法培训的效果：教学充分调动起了每位学生的学习积极性与开放性。

8周的主题式教学课程是短暂的，但其影响是长远的。END

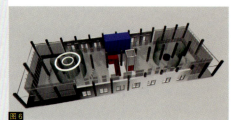
图6

图7

图8

苏州民间艺术村 Suzhou Folk Art Village

1. 周边环境与文化背景 / Environment and culture

周边环境

苏州桃花坞年画

苏绣

文化背景

苏扇

2. 设计理念与建筑方案 / Idea and Architecture

设计理念

设计原则

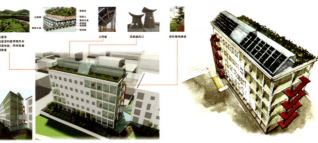

苏州民间艺术村鸟瞰效果图

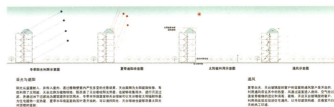

冬季阳光利用示意图　夏季遮阳示意图　太阳能利用示意图　通风示意图

采光与通风　　　　　　　　　　　　　　　　　　　　通风

3. 室内方案与技术分析 / design and technology

室内空间布局

F3 F4 F5
F2
F1

主要设计要点

一楼室内布局与材质

东面奥运主题展示区

一楼鸟瞰图

开放中庭展示区

西面艺术品销售与休息交流区

北京奥运展示区
视频投影介绍区
北京奥运介绍区

4. 室内方案与技术分析 / design and technology

二楼室内布局与材质

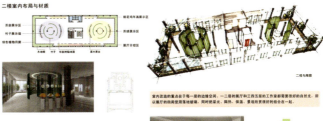

二楼鸟瞰图

三四五层楼室内布局与材质

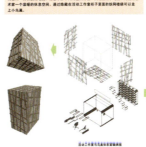

建筑轴测图

感悟

震后杂感

撰　文 | 刘家琨

"5·12"地震发生以来，我一直感到一个身份认同的问题：到了灾区，我觉得自己是一个志愿者，而且是一个体力不佳的中年志愿者——我的腰有伤，拿轻的东西不好意思，重的东西又拿不了，很尴尬；在灾区看到没有倒塌的房子时，我尚且觉得自己是个建筑师；但看到那些倒塌的房子时，我又根本不敢承认自己是建筑师；另外，坐在办公室里每天都会感到摇一摇，收藏的很多东西也都摔碎了，就觉得有点像疑似灾民。

但是，这种身份的混乱，我觉得是一次机会，是我作为建筑师重新审视自己的机会。地震，把地震裂了，也把这个社会震了一道缝，所以就有了许多志愿者，有了民间的热情，有了各方的合作，有一种前所未有的开放，包括今天大家能够坐在一起。那么，这些缝是很快就合起来，还是继续开放，其实是衡量坏事是否能变好事的一个标准。

在非常时期的状态其实就是它平常时期状态的浓缩，集中的更集中、快速的更快速、粗放的更粗放。我不知道在这样一个状态下我作为一个民间建筑师到底能做什么，但我可能应该退到平常的状态下去想自己到底能做什么。建筑师现在也开始担当文化人的角色，也变成媒体的宠儿。但我觉得建筑师其实就是永远的乙方，是权利和经济的奴仆。现在各地建筑师也都在给我发信，想要做些什么，但又觉得插不上手。"插不上手"好像成了一个焦点的问题，但其实反过来想想，就算完全放开让你做，你一个民间的建筑师又能做些什么？我也能理解现在应急状态下政府的想法，建筑师提交来的图纸是真完美、真漂亮、真没用。还有一些建筑师说要去"指导"灾区群众重建家园。我去过很多次灾区，我觉得没法指导，因为我们平常学的建筑知识是建立在文明状态下，而在灾区这样一个原始状态下，你的智商、你的体力根本就跟不上那些灾区群众，他受了灾，那种感受是切切身的，你在旁边根本就帮不上忙。

建筑师是通过图纸的形式提建议的人。那么如果我们认为现阶段规划是最重要的，我们就给规划提建议。因为政策是最重要的，建筑师现在只能是能帮什么忙就帮什么忙。

我的工作计划简而言之就是"与时俱进"，能发药就发药，能提意见就提意见，能参加会就参加会。同时我也在做砖，以后哪个基金会要我去做设计我就做设计。我就像一个牛虻一样跟着，能干什么干什么。我的工作决心是这样的：因为灾区重建是一个很漫长的工作，其中会有很多艰辛，所以，参与灾区的重建其实不在乎谁最先就在，而在乎谁最后还在。在我的工作中，我有一个简单的判断，地震后，灾区群众是最大的受害者，那么灾区重建是不是使他们成为了受益者，我的工作是不是做到了使他们成为受益者。

我觉得在这一阶段，个人行动是重要的，因为不管你是什么样的个人，到了现场，你就是一个人，放下你的职业，你就可以救助。跟我一起去的朋友干什么的都有，有艺术家、电影制片人，甚至还有官员，但到了灾区现场他们就是一个个完完全全的人，他们能在此时此刻发挥一个完全人的作用。所以我认为应该鼓励这个，不要小看这个，不要把自己只当成一个设计师，只在设计的时候才发挥作用。尤其是同学们，更应该去。我觉得首先要教育自己，而灾区现场具有很大的教育作用。你到了现场以后，你在电视或报纸上看，或者等别人把土地平整好了以后，你才开始上手设计，像一个抢救手术一样，这些态度都是不对的。你到了现场以后，你就能震撼自己，而震撼自己，你才能改造自己，而改造了自己，你才能作为一个未来的建筑师，才能改造社会。

思考建筑

撰　文 | 董春方

偶然了解到彼得·卒姆托《思考建筑》，就被深深的吸引。后来在亚马逊求得此书，快速浏览后再细细品味，发现书中的文字抒情而富有诗意。与其认为这是一本建筑思考的理论书籍，倒不如说是一本有关建筑美的散文或感想。卒姆托《思考建筑》并非是一本典型的建筑类书籍，它不太像我们建筑领域内所熟悉的那种令人注目、考究装裱、放在茶几上做装饰的书。虽然它同样印刷精致，却是一本薄薄的谦虚的小册子，书中几乎没有什么图片。此书是有关卒姆托对建筑的思考或体验的一些具有思想深度的短文的集子。

这本书远离现代设计前卫。前卫先锋建筑似乎是为了建筑师的利己主义欲望而存在的，并非为人提供一个舒适的建筑环境为目的。先锋建筑或者出于对技术的兴趣和着迷，或者留恋于对角度和曲线的孜孜不倦。卒姆托说："我认为建筑首先不是作为一种启示或符号，而是可以被看作是为人在建筑内外的生活提供一个外壳或背景。建筑是一种敏感的容器——包含了在楼板上的脚步节奏、专心的工作、寂静的睡眠。"建筑应该是生活的背景和容纳生活的宁静存在，或者可以被看作是生活的舞台。

卒姆托在思考建筑时，通常是以一些对建筑的简单观察或回忆开始的，以优美的一段文字设定场景，然后描述之中人的一切行为和感受：作者有时坐在其中，有时漫步来庭院中，有时又仿佛在倾听、触摸、闻嗅。以此观察思考这个建筑的形式、空间、照明的质量，出出进进的人们，建筑材料的肌理、感觉、气味和声音。他的思考建筑的目的是在讨论美，讨论什么才是我们建筑师应该去做的；唤醒我们的感知，观察与深思建筑的现实与潜在，把美带进我们的设计工作。

"有一些大大小小的、给人印象深刻、重要的建筑或综合体，它们使我无地自容、给我压迫感；它们排斥或断然拒绝我。但是还有一些建筑和建筑群，或小的、或纪念碑式的，它们使我感受良好，使我看上去也很好，它们给我有尊严感和自由感，并促使我有待上片刻的欲望以及使用它的想法。它们是我为之而激发热情的建筑。"

由此人们不得不重新思考高新科技的建筑设计手段和工具是否使我们离实在的建筑已经很远，离实在的建筑体验就更远了。如果我们再远离对实在建筑的"模仿"——纸上的设计的体验，那么就完全是虚拟的了。至少纸上的设计还能给你带来一些尺度感和情感，电脑上的图形只是抽象的单位，而尺度感和情感是建筑设计者培养建筑体验的最初的对实在的"模仿"依据。

"一个优秀设计的力量存在于我们之中，存在于我们用情感和理智感知这个世界的能力之中。优秀的建筑设计是情感的，优秀的建筑实际是智慧的。"

创造活力空间

撰　文 | 杨雨遥

从某一时期起，我们渐渐地不知不觉进入了一个特别的时代——我们制造了一个人为的漩涡，陷入了一个怪圈。技术的扩张，社会结构和职业的标准化也都使这些过程大大的加速了；而视觉设计信息的传递，更是几乎异乎寻常的发生了变化。

世界变得大同：全球化、工业化、标准化、信息化。

工作场所类似，居住地点标准化，使用同样的交通工具。

所有这些"仁慈"的侵略还留给了我们一点有用的时间和空间，可以很好地为自由主义设计去想像吗？

为了可能还有的自由漫步的精神和绝妙的个性平衡，我们如何还可能做出一个可能是在地球上唯一的设计呢？

我们已经过了那个单纯抄袭的模仿时代吗？如果我们不能很好掌控如何去表达个人的兴趣爱好，就会变成一个与其他人一样的人，毫无特色。千万不要忘记：我们是唯一的，并且有着可以区别我们的独特才能。

作为一个室内设计创作者，如何去面对现代信息社会的疯狂演变？

可能，当个人的创作想法最终被所有的人认同后，我们会知道不应该替换我们的个人特征。我们的做法度量由所谓潮流控制的一段时期和随后的时间，正如我们所说的流行与经典。

可是今天，我们在讲环保、讲空间的时候，又有多少是我们能实现的呢？

空间可以再创造，材料可以革新。我们已经可以创造出零能耗的外墙，也可以将树培养成"建筑"。一切为了减少我们对地球资源的占用，从而创造出更为不同的个性空间，而更关键的是，我们能够在今天视觉享受越来越重要而信息却又越来越爆炸的时候，不断获取新知、表达个性。

总的说来，新的感知，给予我们参照，甚而例子。表达也不可少，虽然我们甚至并不真正地懂得其中的重要性。

另一方面，创作通常在一定的参数下演变，在各种各样的节奏下思考，去挑战对立面恒定的成果：

提及当前的目的，通过一个实际的逻辑和运转，将成功解决问题，这种才能将划定价值。

或者，相反的，由一个志愿挑战者给这种优先权予梦想和情感的乌托邦，所有思考，所有个人认为，及早或后，面对这个设计现实，能够成功的合理解决，这种才能将出现在最后结果的视域之内，成为成功之作。

让我们来想象一下理想的栖所：我们能居住在容易接近自然的地方，宁静，没有墙壁、没有窗口、没有屋顶，但在同样时间却能够提供我们冷、热，和所有的舒适条件，生活中必需的一切运作，并且不与休闲的现代生活隔绝。

它或许是有些荒唐和不可能的，是不可能进入的乌托邦。让我们不太注重实效，是逻辑和现实的胡话。

但是它是我们的思考，可以试验的梦想，是我们创造的源泉。

流行的流行说法

撰　文 | 张晓莹

室内设计也是一种时尚设计，每年也不可缺少的有各种各样的流行趋势发布。我们身边散落的各种网络和传统纸媒的文字资源，大多是列举一些基本风格简介，或是更加不靠谱，纯粹是招揽业务现场会的推广说辞。至于胡言乱语之类，也是有的。

一般说来，流行趋势的发布，是对下一年度或下一季的几个方面主流预测：风格、材料、工艺、色彩，而风格一般统领其他领域。流行趋势不等于否定经典风格，只是对新的变化的一种敏锐的提前预测。如果范围很广，那就不是趋势预测而是百科全书了。有种版本，提到了以下几种将会"大行其道"的风格：现代简约风格、欧式古典风格、美式乡村风格、新中式风格。很难想像这几种截然相反的风格会同时成为流行趋势。欧式古典演化为新古典已经有一段日子，而简约主义作为六七年前上位的过气明星，是否依然会受到追捧？而且，有些流行趋势预测包含大量语焉不详、放之四海皆准的描述，比如"和谐人文"，比如"更具科学性，达到完美美化家居的效果"，如果读到"编织一个又一个的甜美故事，可以让业主充分参与其中，让家有故事发生，充满生命感和历史性，感受家居的另一种温情"，将会产生恍惚效果，觉得不是在说室内设计师的事，而是在夸奖某滞销楼盘的策划销售文案。

还见到有一种版本则干脆涵盖一切，声称今年将流行"古典风格、现代风格和地域风格"，基本包含了所有的设计流派。加上后面的文字"将会关注各种文化形式，对文化内涵的理解和诉求"，"并会追求精致和浪漫及生活品位"之类，当然可以"年年岁岁花相似，年年岁岁人也同"了。

我综合了一下各种资讯平台和自己的专业嗅觉，非正式发布室内设计流行趋势如下：

1. 流线形、几何形、圆弧，尤其树、树叶和花卉的主题，"生物学的模仿"（biologicalmimicry）的装饰肌理，以植物为造型的细花纹。

2. 跨界（crossover）使用，在艺术、建筑学、服装设计的各种专业区域之间不同相互影响，探究相互之间的交叉设计，以及设计师的交叉作业。不同材料，文化背景，工艺被交叉分享，利用相同的设计主题和情感，引起新的有创造力的可能性的设计。

3. 黑、白、红、绿基调的多彩缤纷，融合科技、新元素、新材料、新色彩运用带产生令人目眩的体验。比如塑料、复合树脂、亚克力，以及铝制品被巧妙地融合在"奇幻世界"中。色彩倾向是变色（含灰）、带边缘色和复合色。数码技术被运用。另外，环保、大胆创意和地域元素的提炼使用将是相对持续一段时间的主流。

前几天业界聚会，某设计师打机锋，声称不流行就是一种流行，受到大家鄙视，争执得面红耳赤之际，一位非专业人士冷不丁的冒了句："能卖钱的才是流行"，顿时让人肃然起敬。

姜峰的"理智与情感"

撰文 | 李威
摄影 | 杨波

姜峰
1993年毕业于哈尔滨建筑工程学院建筑系，硕士
1993年-1998年 深圳市洪涛装饰工程公司，设计部经理、总经理助理
1998年，深圳市建筑装饰（集团）有限公司，总工程师、设计院院长
2004年，因集团改制，成立了J&A姜峰室内设计有限公司

国务院特殊津贴专家、教授级高级建筑师、高级室内建筑师，现任中国建筑学会室内设计分会副会长、中国建筑装饰协会设计委副主任、广州美院客座教授等。

历年来先后荣获中国国际设计艺术观摩展终身设计艺术成就奖、全国有成就的资深室内建筑师、中国室内设计师年度十大人物、深圳市十大杰出青年、全国青年岗位能手等荣誉。

曾主持设计深圳市市民中心、深圳会议展览中心、珠海海泉湾度假城、深圳丽思·卡尔顿酒店、内蒙锦江国际大酒店、深圳金光华广场、深圳益田假日广场、深圳地铁车站、大连文化中心等项目，并多次荣获国内外大奖。

30岁时已是国家特殊津贴专家；从事设计和设计管理工作10余年，收获海内外多项设计殊荣；创办公司数年间即完成了不少颇有影响的大型设计项目，并在客户中广受好评……然而姜峰吸引我们的地方并不仅仅是他的辉煌——这位学建筑出身的设计师、设计管理者，更多的是从建筑的功能出发来考虑室内设计；以严谨的态度把握设计工作的每一个环节；以理性务实的观念经营运作设计公司；亦能以柔情呵护家人，以激情享受人生。纵观他的事业发展轨迹，旁观他的点滴言行，我们希望这些观察可以为设计界带来一些思考，为中国室内设计师及设计机构如何健康成长、形成适合自身特色的发展模式提供一些可行思路。

"非常"状态出于理性选择

姜峰自言作息规律，早睡早起，每日晨练。采访当天清晨，摄影师突击"偷拍"，果然见到他晨练归来，一早便神清气爽地出现在公司。不到9点，他已投入工作。J&A的办公室"OFFICE氛围重过艺术氛围，很适合办公"。9点钟，员工基本正常到岗，看来没有太多"夜间作业"的习惯。"我们公司所有股东都不会喝酒。姜总更是有本事把所有夜宴变成工作快餐。而且这几年斗酒做业务的风气早没了。起码和我们公司打交道的客户基本都知道我们不喝酒的风格。"主管行政的冉总监如是说。

所有这些平凡的图景，如果和姜峰"J&A室内设计有限公司董事总经理、总设计师"的身份联系起来看，便多少显得有些不寻常。毕竟，室内设计界下午起床、通宵干活，黑白颠倒全年无休的风气似乎更为人们习见，如此"正常"，反觉异常。其实这倒不是姜峰一定要特立独行，规律作息传统的形成基于两个考量：正规化的企业模式有利于一种效率而积极的精神状态；忙起来加班是不可避免的，但平时白天能做的事没必要拖到晚上。与一些率性为之的设计师不同，姜峰比较崇尚理性。

这种理性的态度首先与姜峰的学业背景有关。姜峰1990年建筑学本科毕业于哈尔滨建筑工程学院同年保送本校室内设计专业攻读硕士，1993年硕士毕业后进入洪涛装饰公司，1998年被调入深圳建筑装饰集团组建设计研究院，2004年设计院改制，便与几位合伙人共同创立了J&A室内设计有限公司。建筑学科班出身的他，与艺术专业出身的室内设计师思路有所不同，考虑得比较多的往往是功能性、便利性以及市场接受情况。在被问及自己最喜欢或最满意的作品时，姜峰很少会侃侃而谈，数出一连串的项目。他的常规回答是：设计师为客户服务，一方面要根据客户的需要，另一方面要根据整体项目的需要，而不是以个人喜好为主。在不影响功能的前提下，对于客户一些特定风格和元素的选择会予以配合。

同时，理性主义也体现在姜峰对公司的定位和管理方式上。通过多次参与大型项目以及与国外设计机构和众多上市地产公司合作得来的经验，姜峰在公司创建伊始已经明确了做大做强的宗旨。J&A在国有企业改制时，由原来的深圳建筑装饰集团设计院转型为现在的合伙制公司。姜峰认为，选择合伙制能够以好的体制和架构为公司未来发展打下好的基础，这也是国际上大型设计公司普遍采用的一种体制。公司建立起即援引了国外设计公司机制，架构清晰，合伙人之间有超过10年长期合作的经历，高度默契且分工明确。记者曾开玩笑地问及各位合伙人怎么没想到过单飞，回答是"没法单飞，我们互相不可取代，我们是一伙的。"这样，公司策略的长期性和执行的稳定性就得到了保证。在公司日常管理中，工作一般都会提前安排妥当，少有"临时救火"的紧急事态发生，这对公司承接各种类型和规模的项目颇有帮助。因为大型项目的设计花费时间长，所涉及的专业比较多，需要协调配合的部门和人员众多，散漫随性的工作态度和体制是难以应对这些复杂的情况的。事实证明，完备的人员结构和制度确实为公司吸引大型项目的

业务颇有助益。

其实，在某种程度上而言，不同的人和企业有各自不同的发展模式，模式无所谓对错，只要适合自己就好。

■ 追求完美源自职业操守

多年以来，姜峰一直被冠以"追求完美的处女座"之称，记者也亲眼见识了他对工作完成情况细致而严格的把握。姜峰承认自己追求完美，万事力求做到最好，最完备。在开玩笑地自认"我是处女座的嘛，星座决定的"之后，姜峰诚恳地说，"我追求完美更多源于职业操守。我必须从企业管理入手，以客观的体系范畴减少主观随意的不稳定因素，才能完美实现客户需求。追求完美应当是一种必须的态度，有这样的态度才会有好的作品，才对得起客户的信任。"谈起管理话题时的姜峰和平常的温和之态有所区别，经营者果断的魄力尽显。"如果在设计师和设计管理者两者中必须选择一项，我选设计管理者。"姜峰如是说。

姜峰的这种情结有其来由：一方面，在与国外优秀设计机构和房地产公司的合作中，姜峰感到，中国室内设计作为一个独立的行业存在的时间比较短，在设计教育水平上也落后于西方，设计理念上与国际一流水平相比还有很大差距，无论是职业道德，乃至设计细节、制图、规范等。国内设计公司需要向国外学习的东西还很多，有些阶段可以跨越，有些还是需要一步步去做。J&A与境外公司的合作比较多，出发点就是向他们学习，学习先进的设计理念、管理模式，从而提升自身设计水平。未来中国室内设计的发展将会越来越与国际接轨，要进入到这场全球化游戏中一定要懂得游戏规则，在完成工作的质量上要向国际先进标准看齐。另一方面，实践中得来的经验也证实了"追求完美"的必要性。公司早期的深圳会展中心、深圳地铁车站、深圳市民中心等项目都是竞标项目，是"硬拼"出来的，没有追求完美的态度，没有对细节的执着，很难

获得成功。公司承接的每个项目，姜峰都会参与，只是程度不同，有些是亲力亲为从头跟到尾，有的是做设计指导。除了设计环节，他对于施工现场配合服务也特别重视，因为充分的现场配合可以为客户带来很多便利。姜峰常常强调尽量站在客户的角度考虑问题，他认为，设计行业在中国还是一个比较新兴的行业，不可能要求每个业主都具有对空间和项目的专业理解能力，否则也就不用请设计师了。因此，设计师必须有良好的心态，认清自己的职业，尽可能发挥自己的专业能力以说服业主，通过努力使业主提高对美的鉴赏力及对设计的理解力。

在服务的全面性之外，J&A也比较注重服务的专业性。例如，他们从2002年开始做商业地产项目，当时也多是和境外地产公司合作，从中感受到商业地产设计领域的空白和重要性，也看到了它巨大的市场前景。当时他们就在商业地产方面做了很多的研究，对于商业规划、业界动态、商业布局，以及适用于商业地产的动线安排都有了深入的了解与研究。本着对每一个客户、每一个项目尽心尽力的原则，如此做出来的项目就切实为客户带来了经济效益。这种效益反过来又成了对J&A业绩的一种宣传，于是不少客户慕名而来，J&A在业内逐步有了不错的口碑。现在，公司的项目以委托为主，与金融街、中粮集团等一些大型房地产公司形成了长期的合作关系，高效诚恳、井然有序是他们制胜的法宝。

■ 理性主义者的感性生活

在工作中充分展现理智严谨一面的姜峰，在生活中却常常流露出充满感情的一面。当记者在施工现场跟踪采访他时，在处理现场种种复杂问题之余，他一路仍不忘绅士风度，叮嘱记者小心脚下："辛苦你了，你们记者少有来工地，不太适应吧。"令跟跄地在后头小跑的记者感受到暖暖人情味。对外人如此，对朋友家人更是友情浓浓、亲情眷眷。理智与情感充分互补，如姜峰所言："享受工作，享受生活，顺其自然，水到渠成。"

J&A的几位合伙人共事日久，关系早已不仅止于同事，已经是倾心相交的老友了。吃饭买单这样的平常事件在J&A公司几大合伙人中都能成为乐趣的来源：通常由姜峰带头，不动声色夸赞某人今日优点，其他人心知肚明立刻跟上，一旦舆论造势成功，被表扬者也自觉不请客无以谢诸公，云里雾里地施施然掏出钞票。他们总是乐此不疲的互相"陷害"，记者对此有亲身体会。采访当天的饭桌上，大家齐刷刷地看着姜峰："今日采访你，你请客……"此时的姜峰已经完全和设计师、老总的身份无关了，他不过是老友记里的普通一员，还执着地对买单事宜做最后挣扎，企图将大家的注意力转移到别人身上——"老陈，我觉得今天开方案汇报会时你很像老师呢，对下属那样耐心教导。"从大家闷笑着不搭腔的情形看，此次他的诱导完全失败。"今日姜总买单，陈老师不能白得表扬，就安排在明天吧。"行政部冉总监假意的解围再次把笑声引爆。若非志同道合，性情相投，彼此认可，绝难做到享受之感。

老友间其乐融融，而家庭在姜峰心目中的地位更是无比崇高，特别是他的两个宝贝儿子。前不久，因为"儿子想看奥运会比赛"，姜峰携全家一起去北京看奥运。"奥运会在北京开也不容易，儿子想看就带他去。这要是在英国，不就麻烦点，你说是吧？"他说。爱子如命，事必亲为的作风一向被公司成家者示为楷模。

采访次日是姜峰40岁生日，他告诉记者："其实我今天很开心，相当开心，比我得什么奖，拿到什么项目都开心。"原来清早他送大儿子去坐地铁，儿子在车上留下一个作业本纸折成的方块，煞有介事地写着"请打开"，展开一看，上面一行字："老爸！提前祝你生日快乐！姜文昊"。姜峰当时幸福得眼眶都湿了。谈起儿子，姜峰格外兴奋，他起身拿起办公桌上两个儿子的合影给记者看，"你看我能不能把这照片放在访问里，他们真的好可爱……"说这话时的姜峰已全然是位再寻常不过也无比安乐的父亲…… END

场外

姜峰的一天

撰　文　│　李威
摄　影　│　杨波

2008年8月26日　星期二
地点　深圳
天气　晴

7:30　听说姜峰作息规律，早睡早起，还有晨跑的习惯。这在以下午起床、通宵干活为主要风潮的室内设计界简直有些不可置信。为了证实这一点，可怜的摄影小杨打着哈欠起了个大早，在姜峰不知情的情况下如狗仔队一般蹲点。果然早晨7点半就拍到他矫健的身姿。"我已和他接上头，一身运动服的姜峰显得相当活力，和平日的装扮大相径庭。另，我很困。汇报完毕。"小杨给我发来短信。J&A公司承接的多为大型项目，工程浩大繁琐，除了设计，他还身兼管理经营职责，另外有不少社会活动要参与，如此忙碌，竟还有时间坚持锻炼，实在令人难以琢磨。此大悬案今天非得揭开不可。

9:20　在去姜峰公司的路上，我仍然在思考设计师的作息这一"重大"命题。有个设计师朋友和我探讨过："尽管开夜班造成公司白日节奏拖沓、晚上资源浪费的双重损耗，但你知道么，这是行业通病，具有强大的传染性，一入行就传染，而且一旦染上，绝难根治。"他说的怪骇人听闻，但观之脑力行业，好像都是如此。也许姜峰习惯晨跑完睡回笼觉？我这么一路推测，于9点20到达。我的推测是错误的。姜峰正巧去设计部巡视，路过前台，见到我，精神奕奕地跟我打招呼，并回头叮嘱前台给我和摄影小杨冲泡咖啡，真是细心的好人。小杨告诉我，姜总8点40就到了公司。"你总是如此吗？"我问姜峰。"如非出差或会议，我一般都在9点前第一个到达。一是给员工带个头，二是可抓紧时间处理基础公务。"姜峰边解释边查看设计部员工的工作。在我到来前，他已按固定习惯

与合伙人做了每日的例行沟通。作为合格的情报员，我注意观察了一下，第一，姜峰公司大概有800m^2，功能分区明晰合理，OFFICE氛围重过艺术氛围，很适合办公。——这好象是废话，其实不然，有许多公司是以舒服为目标的，进去就想喝茶看碟聊天。第二，人员基本到齐，已投入工作，看来他们不流行加夜班。

9:40　印刷厂送来刚印刷好的他们公司第3季内刊《四季》。姜峰马上拿起一本，认真翻开，并递给我一本，谦虚地让我多多指正。我才埋头翻几页，就听他叫来杂志统筹冉总监，指着杂志说："怎么这期的字号比上一期小一号？还有这页，是印刷厂的问题还是美工的原因，颜色有点偏；还有，这个表达有点欠妥，以后要多斟酌。"短短时间就发现几个问题，这等敏锐和对细节的考究实在厉害。那些小问题如果不特别注意，常人其实很难发觉。"内刊一方面是企业文化的一部分，一方面是我们和客户交流的方式之一，所以一定要尽量做好，做得更好。"姜峰这话既是说给我听，也是在提醒下属需更加重视。姜峰如果是甲方，乙方日子不好过。我私下暗想。

9:55　姜峰虽是老总，但行程并不算自由。这一点在约他的采访时我已有所领教。在冉总监的桌上，我见到一本册子，抬头写着《每周会议计划安排》，里面表明了当年第几周里有哪些会议，具体什么内容，分别由什么级别的人参与等详细内容。据介绍，每周五行政部都会汇总各部门会议安排，并统筹制表，再分发到

各部门相关人员手中。流程严格有序。按安排，姜总上午十点需参加在大会议室举行的天狮集团培训中心设计汇报会。"不仅他不自由，其他人也不能随意。我们的工作至少提前一周安排妥当，这样比较有效率，工作进展心中有数，不会忙得没有头绪。"冉总监这样告诉我。统筹安排、全面执行应该是悬案的一大重要线索。

10:00 他一出现在会议室，气氛立刻变得微妙，本次汇报的设计代表显得略有紧张。尽管他对姜总大部分的追问有所准备，但一旦不够肯定时，便要看看其他的小组成员，在某种眼神交流后，才谨慎地予以回答。难怪他会紧张，姜峰几乎头也没抬，和陈总工对着图纸，轰炸机一样轮流发问：

"图纸上的1、2、3怎么又成了A、B、C？画图标识要统一。"

"栏杆计划用什么材料，多少厚度？不能冒这个险，后期记得和杨工多沟通。"

"吧台的给水排水系统有没有考虑进去？别以为这个酒吧吧台不常用就不预设进水点、排水点，以后用起来会相当麻烦！"

"这个地方太含糊了，你们一定要交代清楚！"

"水、电、安防、智能、监控等系统一定不能忽略，光好看是不行的，不好用不行！"

……

以前就听说姜峰虽对人亲切随和，但骨子里是相当严谨认真的。这次亲眼目睹，算是开了眼界。不过情报小有纰漏，"你没有传说中的那么严厉啊？"会议结束时我问。他走路很快，几步已在我前头，我听得他笑呵呵地说，"因为记者在嘛，总要给自己人面子。何况总体来说，今天的汇报会我基本满意。"我估计还在会议室收拾文件的设计部的年轻人们听到这句话才能平复下他们的心绪。

11:10 经过小会议室时，有位甲方正在里面与设计师讨论方案，姜总立刻走进去礼貌地和其打招呼，并坐下参与讨论。一边启发式地帮助设计师更流畅地表达设计思路，一方面巧妙地给予了指导。言简意赅，重点突出，三言两语间已让甲方频频点头，满意得不行。姜到底是老的辣。在甲方面前，姜峰很尊重底下员工。难怪员工即便都知他要求严格，仍勤力工作。姜总告诉我，这个会议他本无须参加的，但客户在场，进去招呼是基本涵养，且在门口感觉到里面的沟通不够顺畅，"他们还需锻炼表达能力"姜峰总结说。

11:30 从小会议室出来，我随姜峰回到了他的办公室，在他的桌上摊开的满是书和描图纸，煞是纳闷，不禁冲口而出"姜总还用亲自做方案？""是呀，公司的每一个项目我都会参与设计，有的只是出概念和确定风格取向，交由各设计组去做；但每年我都会从概念一直到方案亲自设计几个有特色的项目，我想主要还是因为自己真的非常喜欢这个专业吧。""如此繁杂的事务管理，你还有时间静下来去思考设计？""这得归功于公司管理的有序和几位合伙人分工明确。"姜峰无不得意地说。

趁姜峰埋头做设计的当口，我惦记着自己的悬案大事，便转到和他共事10年的冉总监那

场外

里打听一些八卦情况。

"姜总真的每天都坚持锻炼身体？"

"他应该一直都坚持的，好多体育项目他都喜欢。我们公司成立了篮球队和足球队，姜总可是他们名副其实的教练，还经常带他们出去打友谊赛。"

"那他晚上不要应酬或者加班吗？我看你们这几年地产商业项目很多，和那些建筑商、发展商打交道，常常要喝到半夜吧？"。

"哎，这个你就完全想错了。我们公司所有股东都不会喝酒。姜总更是有本事把所有夜宴变成工作快餐。"冉总监笑嘻嘻的回答。

"我看你们公司连设计部的人大早上的都到齐了，不容易啊。"冉总监是行政部主管，问她考勤问题完全对路。"我们公司的传统很好，一向养成正常作息习惯。进入公司的新员工慢慢也就适应了，氛围就这么来的。正规化的企业模式有利于一种高效而积极的精神状态。当然，加班不可避免，忙起来也会通宵的。但是，你想想，如果能白天做的事，为什么要拖到晚上呢？难道要家里人也跟着日夜颠倒吗？"改天要把这番话和我那悲观的传染病理论朋友说说。

12:30 姜峰的公司位于深圳车公庙海松大厦，附近全是高档写字楼，所以美食众多，颇有口福。今日该公司几大巨头正好都在，便一起前往他们固定的餐厅吃饭。貌似憨实的陈总若干年前便为女儿取了个浪漫的名字；牙疼的袁总头发不多，女儿很小；靠着借烟而戒烟的

杨总最大爱好是修各类电器；干练的冉总监一说起儿子便眉飞色舞，温柔甜美；姜总的心头宝是他的两个儿子。这群尽做大买卖大项目的老友记，坐在一起聊的全是这些家长里短。还别说，听着怪羡慕的。风雨同舟十几年建立起的战友一般的友情是值得羡慕的。

13:10 据说陈总和姜总都有午睡的习惯，但因我在，他们硬是撑着，和我一起聊天。大家谈起度假的事情。J&A公司一贯主张和鼓励员工多出去走走看看，拓宽眼界，增长见识。前不久他们还组织了一批员工去海南玩，住的竟是丽思·卡尔顿和凯宾斯基。不过他们并非纯粹的游玩，对旅游酒店的体验和考察是一项重要项目。姜峰这些年则多是出国度假。"我很喜欢陪家人一起出去度假，很放松，很有乐趣。""上个星期约你不到，不会是度假去了吧？"我问。"陪我家儿子去北京看奥运会了！奥运会在北京开也不容易，儿子想看就带他去。这要是在英国，不就麻烦了点，你说是吧？"听这话口气，他儿子以后想去英国看奥运的话，这做爹的要是能做到，绝不会含糊。有爆料说姜峰是重视家庭、喜欢小孩的模范男人。果然名不虚传。

14:10 姜总、陈总工及工地设计师按计划前往益田假日广场工地巡视。据了解，深圳的工地，他每月末会去一次，外省的重要项目则两个月去一次。从他出行效率看，J&A公司的有序程度堪与部队媲美。我们刚下楼，公司的

车已发动好；一到工地，现场设计师及监理已得到通知，候在门口；一见姜总和陈总，立刻边引路边汇报现场进展情况。各路精准的配合近乎严丝密合，实在令人惊叹。

"这里将成为深圳最高档豪华的SHOPPING MALL，它的落成标志着我们在商业地产设计上的新水准。"姜峰说起这话时，很平静，但听的出他是高兴和兴奋的。很快他们就顾不得我了，专注地工作起来，姜总和陈总不时察看着施工细节，并做讨论。比如这个地方换了材质，那个地方改了尺寸，这块地方施工出来比设计的感觉还要好些，那块指示牌是哪家设计的，字太小了……如此等等，非常细致。设计监理一直跟在旁边就老总提出的各类询问做出汇报。当监理有两个材料方面的问题回答不出时，温和的姜总终于露出了传闻已久的严厉之态："你这个不知道，那个也不知道，你来这里做什么的？你打算回公司汇报时汇报些什么内容？！"监理看起来很老实的样子，在姜总的发火之下嗫嗫不敢多辩解。

16:20 回到公司，针对工地发现的问题，姜总直接去陈总工办公室，并叫上设计总监袁总一起讨论商议。鉴于他们的话题太过专业和严肃，我采取了回避政策。

16:58 姜总走出陈总办公室时我看了看表，仅仅半个小时，速度够快。我预计起码一小时以上呢。经过洽谈桌回自己办公室的姜总看见有材料商正在推荐新的材料，他停下来询问，我走上去凑热闹。姜总很关注有关材料的信息。在工地巡查的时候，就已发现他特别注意材料的选择、安装和效果问题。

17:10 姜总说晚上6点要从公司出发赶飞机出差，剩下的时间昨天已经调整出来，专供采访。我围绕今天的见闻对他进行了发问，他有问必答，十分率直真诚。聊到生活时，他忍不住向我展示孩子的祝贺卡片。"这小子就用这么张破纸片！"他儿子在他说的那张破纸上歪歪扭扭写着："老爸，提前祝你生日快乐！"浓浓父子情呼之欲出。连旁人都看着感动，更可想见姜峰的心情了。差不多5点50的时候，姜峰看了看表，跟我抱歉地示意要结束采访了。然后他用异常温柔和蔼的口气给两个儿子打电话告别。有人说，处于工作状态中的男人最性感，然而今天我忽然觉得，工作时仍然惦记孩子的父亲最可贵。那一刻，我也想跟远方的爸爸妈妈打个电话，告诉他们，我忙得忘了和他们联系的时候他们也要记得电话给我……

18:10 夜色时分，和姜总在他办公楼下道别。他飞北京参加次日上午金融街圣瑞吉酒店方案的讨论会。一天下来，姜峰对生活、工作的健康态度，对于时间和诸多事宜的合理科学安排给我留下了深刻印象。举重若轻，气定神闲等潇洒之态之后，必定有严谨有序，控制自如的处理方式。 END

纪行

迪拜，富庶的代名词。
人类在此极尽奢华之能。
沙漠之城在阳光下闪闪发光，
犹如黄金打造般夺人眼球。
想做公主吗？去迪拜吧！
其实一切并没有那么遥不可及。

一切尽在迪拜
DO EVERYTHING IN DUBAI

50年前,迪拜还只是棕褐色沙漠中的一个传统的潜水珍珠交易地,人口不过5000人。她坐落在东西方的交叉处,地理位置十分优越,自古是商贾之城,再加上近年来航线的不断延伸,如今她已成为一个耀眼迷人的大都市。她是商业枢纽和娱乐天堂。

平和中有快节奏,现代中又有着深厚的历史文化底蕴,这个黄金城市吸引着来自不同文化、各个年龄层的人们。阳光、沙滩、海洋、运动和购物充斥着这个梦幻般的阿拉伯城市,她以其五彩光华,欢迎着您的到来。

漫步在迪拜湾河岸,这个蜿蜒的城市脊梁自古就吸引着商人和水手。巴拉斯迪式的建筑和独具匠心的风塔式建筑展示了此地曾经的简朴生活;步行于曲折的道路上,或驻足凝望曾经充满幻想的统治者建造的瞭望台,或在古遗址中体验风土人情……

奢华从机上服务开始

迪拜如此的与众不同仍然得归因于她的人民——友善好客的阿拉伯人。这里有着不同民族和多样的节庆,到处都是良好的服务。简而言之,迪拜的一切事物都是为了让迪拜之旅在游客心中留下深刻而难忘的经历。

享受,从起飞的一刻开始。

非常不可思议地听说阿联酋航空能提供23种特殊餐点以满足不同宗教和医药的需求。在换登机牌时,被提醒在起飞前24小时之内预订自己的特殊餐食。我选了一样名字最令我好奇的。

登机了,看到服务生提供的顶级香槟和波特酒,在阳光的映射下显得特别好看。不一会儿,烤面包和热牛奶咖啡的香味从隔壁舱位飘来。终于饿了,赶紧给空勤人员打了个电话,喝了杯水的工夫,美食便呈现在我的面前。吃饱了,在睡眠服务中还很意外地发现热巧克力、阿华田和好立克呈现在面前。如此丰富绝伦的机舱服务首先让我对这次旅游信心大增,之前对迪拜游非常昂贵的印象开始有所改变了——如果有一些旅行预算,你会去哪里?我想我会选择来迪拜当公主!而且是从坐上飞机的一刻就开始了!

纪行

城市对照
——迪拜步行

到了迪拜才发现其实欣赏美轮美奂的神秘中东风情也不是太昂贵，而且百分之百的物超所值！

我们沿着历史悠久的迪拜河岸出发，那里曾是迪拜最重要的贸易舞台。在参观传统的风塔形房屋以前，您还将看到极端现代主义的玻璃建筑物与旧阿拉伯时期的迷人建筑相互映衬与融合。

接下来，一个完全不同的世界呈现在我们面前：巴斯塔基亚区域，其涵盖了各式传统房屋。作为旧露天市场的中心，每天熙熙攘攘的人群使她始终充满活力。水上的士穿过潺潺的迪拜海湾，美轮美奂的建筑物鳞次栉比，缓缓向前方延伸的小巷带领我通往集市。

香料市场的旁边是远近闻名的黄金集市。该集市因物美价廉而久负盛名，是淘宝者的必经之地。在那里您可以用最便宜的价格买到世上最纯的黄金制品。在当地的露天集市，玫瑰油、香油、丝绸、锦缎以及其他纺织品应有尽有。大量闪闪发光的黄金、精巧的小手工艺品、闪亮的钻石无不吸引着顾客的眼球。不远处各式各样的香料传来的香气，让人陶醉其中。

早听说在迪拜买奢侈品极为划算，恐怕是地球上最便宜的地方。迪拜人财大气粗的豪爽劲儿实在令人啧舌。这里的免税商店也引人入胜，里面陈列着世界上一些最优质的商品。迪拜约有24家装有空调的大型购物商场，里面有最新潮的电子产品，国际服装品牌，珠宝、香水、水晶和地毯，价格之优惠，让人无法抗拒。如果看到商人们成捆售卖贵金属工艺品，绝对不要感到惊讶，赶紧来投入这片金灿灿的沙漠中，体验一回奢华但绝对超值划算的"公主购物"吧。

TIPS 旅行贴士

由于免税，世界名牌在迪拜的价格便宜了很多，甚至比在香港买都要划算，而且绝对没有假货，购物环境也不那么拥挤。世界名牌报价比国内便宜三到四成，且还可以砍价。迪拜购物中心离市中心较近，从钟楼出发到迪拜大型购物中心，打的费用只需10迪拉姆；到巴基曼购物中心需16迪拉姆；到Waft购物中心则需15-20迪拉姆。另外机场也是个购物的好地方。

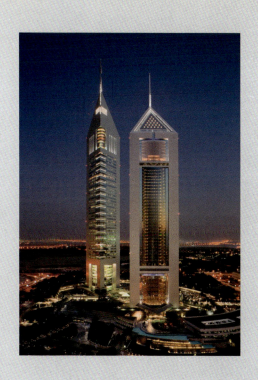

众多奢华酒店看花眼

这个梦幻般的阿拉伯城市,五彩光华。迪拜同时也是前卫建筑的聚集地——三角形的阿拉伯之塔、风帆形的七星级豪华泊瓷酒店以及海浪形的朱美拉海滩酒店……看着它们在开阔地平线上张扬舒展,那种舍我其谁的架势,是世界上任何一座大都市都比不上的。要体验如此真实的帝王张扬和霸气,也许只有在迪拜了吧?!

帆船酒店像一张扬起的帆竖在迪拜湛蓝的海面上,这座目前世界上唯一的七星级酒店象征着中东神秘世界的极度奢华。酒店高达321m,其设计描摹了怒涛奔涌的航海景致,可俯瞰迪拜美丽壮观的海岸线。大理石柱、中央金色穹顶以及令人眼花缭乱的吊灯,一切装饰都完美无瑕。夜晚,酒店四周环绕着精妙的水火色彩雕塑,呈现出令人难以忘怀的绝佳夜景。

尊雅古城也是迪拜文化的宏伟产物。雍容华贵的度假村参照阿拉伯古城设计而成,它将极度的奢华与厚重的传统气息融为一体。蜿蜒密布的水路交通可将游客带往这座城市婀娜多姿、风情万种的任何一个角落。两座宏伟的精品酒店、夏日庭院式住房、传统集市、水疗中心……所有豪华设施汇聚于此,使它成为全世界最令人心醉神迷的度假胜地。

而Bab Al Shams沙漠酒店则坐落于沙漠中心,是参照传统阿拉伯城堡设计而成的优雅型的沙漠度假村。距迪拜国际机场仅45分钟路程,拥有115间传统海湾风格的客房和套房、当地第一家开放式建筑的正宗阿拉伯沙漠餐厅以及数不胜数的休闲娱乐设施。而位于波斯湾海滨的那家尊雅酒店的水上乐园则非常吸引一家老小同乐。

Emirates Towers酒店及其高大的写字楼矗立于繁华忙碌的商务区内,已成为迪拜天际线上一道引人注目的美丽背景,更是该地区商业欣欣向荣的完美表征。酒店周围环布着林林总总的花园、人工湖和瀑布,是高品位商务旅客的理想之选。同时,酒店拥有令人心醉神迷的眩目建筑、时尚的客房以及体贴周到的创新设计,对商务旅客以外的人士也具有极大的吸引力。

除了昂贵到让人瞠目结舌的七星级超豪华酒店,迪拜也有一般人能够承受且条件不错的酒店,每天大概花费50~80美元左右,设施齐全且非常舒适,尤其适合情侣和背包族。

隐居于市

在阿拉伯沙漠中建立一个豪华度假酒店和自然保护区,是成功面对了创造这独特的度假酒店的挑战。阿玛哈沙漠度假酒店正是展示阿联酋航空酒店及度假酒店的范例,因此,它也获奖不断:《Conde Nast 旅行者》2006 金奖;《国家地理》杂志和国际保护区评选的世界遗产奖;第八届阿拉伯城市建筑奖……

阿玛哈在阿拉伯语中是"羚羊"的意思,它的设计来自于多种多样非洲超豪华旅馆的混合体、独特的马来西亚和泰国隐逸小岛风格,和具有传奇色彩的阿拉伯地方色彩的款客之道。它结合自然精粹和人文佳珍,旨在提供宾客一个静谧、独特和浪漫的环境和经历,一种完全奢华的生活方式和超脱一切的能力。阿玛哈沙漠度假酒店不接待日常外来访客,以留给宾客完全私密的个人选择。

阿玛哈的沙漠探险之旅是迪拜最佳旅游景点之一,所以迪拜沙漠保护区新设立了沙丘探险及沙漠野营活动的严格标准,使游客可以在完全自然的环境中观赏自由漫步的野生动物。每日游客量设定了最高限制。此外,保护区还保留了若干本地骆驼农庄。

酒店距迪拜国际机场仅 45 分钟车程。虽有车直达,但仍隐居于市。计划、设计和建造该度假酒店只用了 18 个月。最初的构想来自阿联酋副总统兼总理暨迪拜酋长的穆罕默德•本•拉希德•阿尔•马克拖姆殿下的创新思想,他是名环保支持者,也是沙漠传统的热爱者。在最初的自然保护计划中,人工建筑只被限制在度假酒店总占地面积的 2%,包括 30 个豪华套房(每个都配有个人调温泳池)。自从 1999 年开放以来,这所世外桃源成功地把迪拜推向了自然保护的前沿,大量各类本土野生植物被引进度假村中,其中有许多是濒临绝种的。原有的 27km² 自然保护区已被扩大至 225km²,占迪拜土地总面积的 5%。它是海湾地区保护区管理管辖的最大保护区,也是中东唯一的此类保护区。

在一天辛苦观光之后,你可以去温泉让自己彻底放松一下,振奋精神。这些温泉场所均会提供从香料按摩到印度草医的一系列神奇服务。为满足世界上最有辨识力的旅行者不断提升的期望,这个设在棕榈覆盖的沙漠绿洲上的世界顶级水疗,和泳池主区连在一起,并配套酒吧间和餐饮服务,它包括两个双人和两个单人按摩间,在里面可远眺私人花园和沙丘景观。水疗坐落于开满本地花卉的茂密花园里,环绕着瀑布流水和一个凹陷的极可意浴缸。所有水疗和度假酒店用水都可以循环再利用,并能通过一个特制的灌溉系统回收到它的地下水水源,以保存沙漠中最珍贵的自然资源。

一流的 Al Majlis 会议室,具备最新多媒体演示和网络视频设备的会议设施,它为公司团队举行研讨会、会议或讨论会而设计,能够连接全球任何地方的同类设施。它提供各种会议室和座位分布,并提供 40 人以上会议室布置、60 人以上教室布置或 90 人以上剧院布置。

酒店不仅富丽且在这沙漠深处享有好客的美誉。若你急于赶时间又想体验一下沙漠生活,那么你就可以去沙丘享用你的晚餐,到时可以边吃烤肉边欣赏肚皮舞。迪拜的居民来自大概 150 多个国家,因此它也成了一个国际美食城。人们既可以在星级的幽雅环境中就餐,也可以来一次饮食探险,在专门的餐厅里品味原汁原味的阿拉伯美味。这些美味包括阿根廷的牛排、夏威夷的沙拉、俄罗斯的鱼子酱和浓烈的印度咖喱……随便走进当地咖啡屋的任何一家,便可以像当地人一样,抽一口苹果或草莓味的水烟,大嚼当地美味的奶酪酱和沙拉、皮塔饼、柠檬鸡块、鸡肉浇饭,最后以冷牛奶布丁或热黄油面包作为甜点。

阿拉伯游踪

让阿拉伯游踪来带您进行一次难忘的阿拉伯探险之旅。迪拜是探险家的天堂,在那里你可以尽享各种体验:在浪漫的月光中沿着潺潺流水泛舟而下,窥探神秘黑夜中的沙漠,感受一番当地传统阿拉伯人的好客之道……

丰富且珍贵的收藏对于爱好者来说无疑是一次最奢侈的游历经验,当书中的呆板文字化作现实出现在眼前的时候,那是再多钱也换不到的激动与兴奋。

走出博物馆,赶紧搭上阿拉伯沿海地区特有的独桅木帆船。然后,一边品尝着芬芳的阿拉伯咖啡,一边畅游迪拜这座沙漠绿洲。当古旧的独桅木帆船和豪华的游艇一同穿梭于阿拉伯湾,当金碧辉煌的现代建筑物和古老的不知名的村落共同站立于茫茫沙漠之上,一种时光交错的奇异感觉慢慢蒸腾而起,最后落到我的咖啡杯里的,是一幅最最奢华的海市蜃楼。在甲板上看迪拜,美得令人窒息。

所谓超值,就是能体验到独一无二、别无分号的东西。游览迪拜,这种独一无二的超值体验就在沙漠之中了。离开忙碌的城市,四驱车带着我向沙漠的中心迈进,一场动人的激情之旅正在等待着我。戴上面纱,骑上骆驼,就这么悠悠然地跋步于天地苍茫之中。我把自己想像成正在艰难前行的异族公主,那么在路的前端等待着我的又是什么呢?是一位英俊威武的王子,还是能解救苍生的绿洲?沙路漫漫,壮观的Ma rgham红色沙丘目送着我们的驼队慢慢远去,而沙漠奇景则反复不断地呈现在我眼前——最险峻的地形、最传统的村落、最跌宕起伏的沙丘和崎岖不平的哈贾山麓深处的旱谷。在去化石岩的途中,我看到一家骆驼养殖基地以及紫花苜蓿种植园。化石岩,这一奇特的巨石历经岁月的洗礼高高矗立于沙漠之中,连绵起伏的山脉向阿拉伯半岛不断延伸,好像在向人们诉说着地貌的变化。谁能想像 800 万年前这里曾是一片海洋。

渐行渐远,终于在人们的欢呼声中,我看到营地的灯光在摇曳闪烁,正在温柔地召唤疲惫的旅人。一位阿拉伯主人恭候着客人的到来。落日时分我已安营扎寨于广袤沙丘中舒适的贝多因人搭起的帐篷内,在漫天的繁星下和新结识的朋友举杯对饮,接着去沙丘享用晚餐,边吃烤肉边欣赏肚皮舞。最后带着几丝疲惫沉沉睡去。此时,沙漠万籁俱寂。

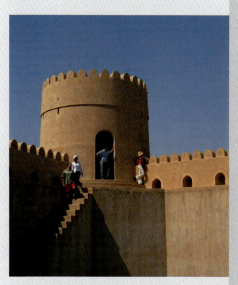

迪拜周边行程参考

月光奏鸣曲——独桅木帆船畅游

乘坐阿拉伯沿海地区的独桅木帆船畅游夜色中的迪拜，让您从各种不同的有趣角度体验这座沙漠绿洲。迪拜国家银行、工商会大厦、塞义德阿勒马克图姆谢赫住所及古老村落触目所及，向人们默默诉说着过往的一切。

星之魂——航行

星之魂是一艘约20m（65英尺）高的木制豪华游轮，从迪拜国际海运俱乐部出发行驶在阿拉伯海湾平静的水面上。在甲板上，尊雅海滩及沿线的度假村美得令人窒息。

两个城市间的故事——沙加/阿治曼之行

在去阿治曼博物馆的途中，您将在一座年代久远的堡垒中留宿。此外，您还可参观沙加著名的King Faisal清真寺、阿勒祖德纪念碑以及Ruler's宫殿。在回程途中，在Majrrah露天市场逗留片刻，参观有150年历史的Al Naboodah大厦，Al Arsah街以及著名的布鲁集市。

逝去的时间——迪拜、沙加历史游

现在是发现阿拉伯世界玄妙历史和文化的最佳时机。第一个目标是塞义德阿勒马克图姆谢赫的夏季避暑度假地。这幢建筑的历史可以追溯至1896年，屹立在迪拜河岸一侧，风塔式的结构及层层围中心花园而建的房屋堪称当地及伊斯兰建筑的精致典范。接下来的旅程是参观历史名城、阿联酋及海湾地区的文化首府：沙加。在考古博物馆内陈列着石器时代、铜器时代及铁器时代的各式珍品：有Al Ubaid时期与美索不达米亚商贸活动中遗留的石器、项链、陶器；公元前611至前300年间南部Musnad地区的书画、在Mleiha地区发现的马匹及一些用亚拉姆语创作的作品。

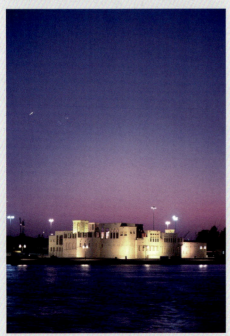

首都探奇——阿布扎比之行

从迪拜出发，您将途经位于杰贝阿里的世界上最大的人工海港，再驱车两小时，来到阿布扎比——充满激情与魅力的阿拉伯联合酋长国的首都。阳光下折射出迷人光芒的摩天大厦、别墅及宫殿与相连的里维埃拉式的滨海路映衬在蓝色海湾里，让您尽情领略伊斯兰建筑的独特魅力。去阿布扎比文化馆之前，在国家民风村稍作停留，参观新近翻修的Al Husn堡垒、古老的独桅木帆船船造船厂以及迷人的巴提那港口。在回程路上将途经运动之城——中东地区最大的足球馆。

巡航游——豪华游轮迪拜Danat号

航海探险者因能乘坐迪拜Danat号豪华游轮沿阿拉伯海湾航行而雀跃不已。这艘34m长装备豪华的空调双体游轮可容纳300名乘客。Danat号提供多种选择，从清晨沿迪拜河漫游到沙加与杰贝阿里间海域等。

阿拉伯式漫游

沙加邻近酋长国对探索者来说是块真正的宝地。在这里，您能参观伊斯兰博物馆，有200年历史的传统阿拉伯住宅，记载了伊斯兰历史与文明的兴衰历程。接下来您会参观一户经完全还原的古代阿拉伯酋长家庭：不同时期的家具及远古物品的陈列向您揭示在尚未发现大量石油储存之前酋长的日常生活。中午时分，从沙加起航，乘坐Danat号驶回迪拜。

艾因之行

艾因是个迷人的沙漠绿洲，自远古以来一直是沙漠商队的休息站。在动身去Buraimi绿洲前您将驻步于超过五千年历史的Hili的考古发掘地。在一个破落的堡垒旁您将参观艾因博物馆。艾因宫殿博物馆向人们展示了皇室家族的日常生活。在回迪拜前，您还可参观传统的骆驼市场。

畅游东方——东海岸之行

穿过蜿蜒起伏的山脉，眼球被多彩的沙漠

所吸引。视线所及之处,弥漫着各种纯净的金黄色。不知不觉中来到绿洲Dhaid。在去Masafi前,您还可去当地的手工艺品店、陶器店和地毯市场采购一番。下一站来到一个风景如画的渔村Dibba,在沿印度洋海岸的富查伊拉用完午餐后启程去阿拉伯联合酋长国内最古老也是规模最小的清真寺。在回迪拜前的最后一站为Bithnah绿洲。您可在远处拍摄到极具震撼力的画面。

■ 历史财富——哈伊马角及乌姆盖万之行

旅途转向阿拉伯联合酋长国的北部海岸,那里是历史上的海事要塞。从迪拜出发,您将穿越阿治曼和乌姆盖万这两个较小的酋长国,后到达哈伊马角并欣赏该地的精美城镇和博物馆。午饭后,您可享受美妙的温泉及欣赏Khatt的椰枣小树林。

■ 直升机之旅

乘坐10分钟的直升机俯瞰迪拜全景是最受欢迎项目之一。飞跃哈塔,世上最美的度假酒店就坐落在那里。所有航班均在迪拜河中心特定场所间操作运行。

■ 日落沙漠探险

傍晚时分,离开忙碌的城市,沙漠探险向导将带您乘坐四驱车向沙漠中心跌宕起伏的沙丘迈进。在途中,您将观赏到骆驼在它们的营地小憩,之后来到沙丘顶部观赏醉人的夕阳西下。在舒适的贝多因人的帐篷内小憩片刻,逛逛传统的香料集市,将你的双手绘上精美的图画,或是去骑一下骆驼亦或是享受带有清新水果芬芳的Shisha烟草。

■ 沙漠之迷——全日沙漠探险

沙漠探险将您远离迪拜这座现代化的城市转而去感受一番别样的风情:那里有最险峻地形,传统的村落,跌宕起伏的沙丘和崎岖不平的哈贾山麓深处的早谷。在去化石岩的途中,

您将参观一家骆驼养殖基地以及紫花苜蓿种植园。在回迪拜前,您还能在早谷边享用一份冷餐及茶点。

■ 骑骆驼与滑沙之旅

清晨八点从迪拜出发,四驱车将带您走进沙漠深处。整个旅程将穿越壮观的Margham红色沙丘。期间,您还能随同浩浩荡荡的骆驼车队亲身体验一番骑在驼背上的美妙感受。放弃传统,开始一项最新最刺激的运动——滑沙。约摸中午十二时半回到迪拜。

■ 星光快车——夜间探险

四驱车将在下午时分驶离迪拜,沿骆驼的足迹,根据不同的时节您可能有幸目睹一场野生动物间的嬉闹、角斗。渐行渐远,落日时分您已安营扎寨于广漠的沙丘中,在漫天繁星下来一份烧烤慰劳自己。在开始又一天新旅程之前,您将被安排沿着早谷探访白云深处——崎岖陡峭的哈贾山麓。中午返回迪拜。

■ 沙漠绿洲,山中探险——哈塔早谷

探险从离开高速公路驶向哈贾山麓的那一刻开始,沿早谷缓缓前进。赶回迪拜前,何不在早谷边开个别开生面的野餐会好好享用一番美食,在起伏跌宕的沙丘中稍做停留感受沙漠的寂静。

■ 大峡谷——哈贾山麓之旅

清晨驶离迪拜沿着阿拉伯联合酋长国的东海岸直行,停步于马塞非绿洲的陶器市场。沿印度洋继续行进,选择在宁静的Dibba渔村内任意一家蔬菜市场驻步。接着离开城市的包围向险峻陡峭的哈贾山麓挺进。接下来的两小时您将穿越壮观的大峡谷、狭窄的峡谷及崎岖的山谷。在野餐后,继续由早谷向哈伊马角行进。这一天的旅程要穿越4个酋长国最后在傍晚时分回到迪拜。

TIPS 旅行贴士

- **国家概况**:迪拜是阿拉伯联合酋长国7个酋长国中的一个,位于亚洲西部,阿拉伯半岛东端,东和阿曼毗邻,西与卡塔尔接壤,南、西南、西北与沙特交界,北临阿拉伯湾,与伊朗隔海相望,处于"五海三洲"(里海、黑海、地中海、红海、阿拉伯湾及亚、欧、非洲)中点的重要战略位置,是东西方的交通要道和贸易枢纽。素有中东的"香港"之称。迪拜约有90多万人口。

- **航空**:目前有国航、阿联酋、肯尼亚等众多航空公司到达。阿联酋航空目前分别运营在上海、北京和迪拜之间的每日一班的直航航班。迪拜国际机场是中东和西亚地区最大、最繁忙的机场之一,也是世界前5个客运量最大的机场之一。

- **金融** 本地银行占19家,外国银行28家,外国银行只允许开设代表处。无外汇管制。货币稳定,迪拉姆与美元汇率连续25年保持不变。

- **通讯**:阿联酋通讯公司是全国唯一经营通讯业务的国有公司。在同一酋长国内通话免费,酋长国间通话收取少量费用。

- **语言**:官方语言为阿拉伯语。英语亦被广泛使用。

- **国教**:伊斯兰教。实行政教合一,对其他宗教人士奉行信仰自由的政策。在中东伊斯兰国家中,阿联酋的宗教政策最为开放。

- **税收**:低关税、无税收国家。普通商品税率为5%。

- **时差**:比北京时间晚4个小时。

- **电压**:220V。中国电器的两线插头与当地的三孔插座不配,可在酒店内借到相应的转换插头。

事件

快城快客：2008上海双年展
TRANS LOCAL MOTION: 7TH SHNAGHAI BIENNALE

撰　文 | 李威
摄　影 | 朱涛

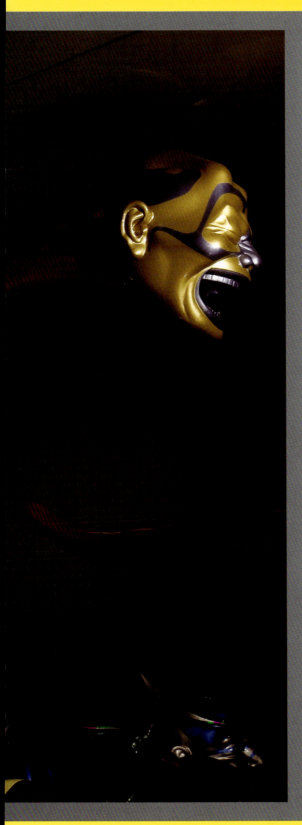

2008年9月8日，随着一声火车汽笛鸣响，第七届上海双年展拉开帷幕。与以往不同，本届双年展首次以人为对象和主题，揭示城市迅捷变化中人群的多元身份，通过外乡人／城里人空间迁徙的观点，移民／市民身份转换的观念，过客／主人家园融入的观感这三个层面楔入城市与人的命题，突出以人为本的根本关怀，展示今日国际大都市中积极移民与文化融入的新趋势，探索城市化的丰富内涵；在与城市化相应的经济转型、社会转型和文化转型的宏大背景下，城市急速膨胀，人口快捷流动，进而思考城市是否能让生活更美好，城市如何让生活更美好。

作为国内一大艺术盛事，本届双年展吸引了大量观众。据双年展主办方相关人员称，开幕两天来前往参观的人数即创下了新的纪录，每天进场的观众达5000余人，对参观和管理均带来了一定困难。观众如想仔细观看作品不仅要时不时躲开别人的镜头，往往还需踮起脚尖从人缝中看作品的文字说明。为此人人皆需快速移动、脚步不停、边走边拍，成了名副其实的"快客"。火车、蚂蚁、飞机、五彩恐龙等体量大的雕塑或装置最受观众青睐，人们钻到恐龙肚子下面，不时有人爬上白马拍照，抚摸砂糖制作的糖塑，甚至不乏"拔水稻"者……"好玩"似乎已成了许多观众一致的观后感。

而一些评论界人士则对本届双年展的"嘉年华"化、"庙会"化提出了批评。批评家王南溟就认为，本届双年展大多数作品流于形式，没有触及根本的艺术形式探索，"很表面"。艺术评论家朱其表示，观众把本届双年展当成"娱乐嘉年华"，实际上与双年展本身强调视觉冲击、娱乐效应有关。

另外，国内观众素质也成为本届双年展反映出的一大问题。9月10日传出斯洛伐克艺术家罗曼·昂达克要求撤展的消息。他的互动作品《测量宇宙》的实施，是观众在工作人员的帮助下把自己的身高在展厅白墙上画一道，再签上姓名、日期。整个展期结束后最终呈现一幅黑色壁画，显示出个体生命和群体之间的关联。但很多中国观众走进展厅之后直接就拿出笔在白墙上涂写，艺术家认为作品的本意是要成为一种具有社会学数据归纳意义的艺术作品，以一种诗意的方式呈现结果，而观众违规介入的随意性已经使其失去了应有的精确性和真实性，使其成为虚假的呈现。如何在接下来的两个月中做好参观的组织工作，如何保持展品的完整性及外观状态，将成为对主办方管理水平和观众素质的一项共同考验。END

TRANS LOCAL MOTION:
7TH SHNAGHAI BIENNALE

事件

简生活
2008秋季巴黎家居装饰博览会

撰　　文	Vivian Xu
资料提供	MAISON & OBJET

　　2008年9月5日至9日，巴黎家居装饰博览会（MAISON & OBJET）在巴黎北郊的维勒蓬特展览园上演，该展览一年两季，提供了一个独特的家居世界全览，强调多元化风格的表达。最新的趋势在这个博览会上一览无遗，MAISON & OBJET 也成为了一个完整的家居世界。

　　MAISON & OBJET 素来被认为是家居界的流行风向标。此次，该展会的市场及流行趋势研究室已经发表了主题为"简单"的 n° 13 号灵感手册的。报告认为目前是放弃闪亮奢华的时候了，面对复杂、不确定、凌乱和四分五裂的世界，我们应该回归生活的本质，为简朴而低调的物品留下一定的空间。感触天然材料，这才是生活在家中最惬意的方式。

　　确实，简生活已成为大势所趋，这种简单意味着色彩提炼以及空间结构、物品造型的本质。生活的魅力来自于它的多样性，每个人的不同理解也赋予了它丰富的色彩。是热烈还是平和，是喧嚣还是安静，一切都存在于那个由砖石砌筑的小盒子里。

链接

ACME与安东尼·高迪
ACME AND ANTONI GAUDI

撰　　文	李品一
资料提供	ACME

　　安东尼·高迪出生于西班牙，被认为是20世纪最有影响力的建筑师之一。他和当地工匠一起创造了堪称西班牙最前卫，最富视觉冲击力的建筑，在建筑、室内、家具设计中都体现出了非凡的设计天才。他善于在设计中广泛运用各种材质，特别是马赛克瓷砖，在他手中可以说是运用得得心应手，出神入化。

　　古埃尔公园（Güell Park）、米拉公寓（Casa Milá）和圣家族大教堂（La Sagrada Familia）是高迪的三大代表作。古埃尔公园是一个大自然和建筑完美结合的有机体，建筑造型完全取材于自然元素，整座公园宛如一个童话世界，又像一件悬挂在空中的巨型艺术作品。米拉公寓内外连续的建造方式令人如入迷宫，到处可见蜿蜒起伏的曲线，整座大楼如波涛汹涌的海面，富于动感，是高迪心目中"用自然主义手法在建筑上体现浪漫主义和反传统精神最有说服力的作品"。圣家族大教堂是高迪最后也是最投入的作品，其设计突破了基督教千篇一律的传统格局，用螺旋形的墩子、双曲面的侧墙和拱顶双曲抛物面的屋顶，构成了一个象征性的复杂结构组合。教堂的上部4个高达105m的圆锥形塔高耸入云，纪念碑般地昭示着不朽的神灵。无论来访者的宗教信仰如何，都会被这气势磅礴的形象折服，被设计中体现出的强烈宗教气息所震撼。高迪曾说过，直线属于人类，曲线归于上帝。他用无与伦比的想像力，将硬直的建筑线条化为大自然千姿百态的萦回与鲜活，化为神话和魔法的瑰丽奇幻。

　　ACME选择了"马赛克"纹路来代表高迪的风格。设计师撷取了在高迪代表作之一"巴特略之家"中尤为突出的小块彩色陶瓷和玻璃的片段，重现了高迪手下新奇瑰丽的胜景。

　　马赛克是具有悠久历史的建筑装饰材料，古希腊人已经把马赛克作为一种奢侈的艺术品运用于神庙等场所。到了古罗马时代，马赛克已经开始普遍运用于民宅及公用建筑。人们利用马赛克鲜艳的视觉冲击和碎片般的形状，镶拼出各种具有透视感的图案，其绚烂夺目的视觉效果成为了好几个时代的代表性装饰元素。

　　马赛克在高迪手下重新焕发了生命，他将这种富有历史感的装饰材料充分运用在他的建筑设计中，与宗教结合起来，用丰富的色彩抨击那种冷冰冰的整齐划一，使自己的作品成为后现代主义中的代表。

1 巴特略之家（Casa Battlo）

巴特略之家（Casa Battlo），由蓝色和绿色的陶瓷装饰的外墙面曾经被达利称为"一片宁静的湖水"，它矗立在西班牙巴塞罗那市，张扬地诉说着高迪绚烂繁华的风格。它是高迪实践自然理论的代表作，采用小块彩色陶瓷及玻璃做成有机造型，在加泰罗尼亚地区流传的"乔治屠龙救公主"的故事是建筑设计灵感的来源。这座充满神秘气氛的房子，被高迪自己激动地描述为"看起来像是一座天堂的房子"。

2 圣家族大教堂

圣家族大教堂，又译作"神圣家族大教堂"，简称"圣家堂"。安东尼·高迪在圣家堂上奉献了将近40年的岁月，至死仍然没有完成这个伟大的工程。他以虔诚的宗教热情进行设计，做了大量的研究和实验。为了把《圣经》故事人物描绘得真实可信，他煞费苦心地去寻找合适的真人做模特。譬如，为了在一座门的正面表现被残暴无道的犹太国王希律下令屠杀的数以百计婴儿的形象，他特地去找来死婴，制成石膏模型，挂在工作间的顶棚下面，工人见了都感到毛骨悚然。教堂整体设计以大自然诸如洞穴、山脉、花草动物为灵感，完全没有直线和平面，而是以螺旋、锥形、双曲线、抛物线各种变化组合出充满韵律动感的神圣建筑，并通过隐喻和装饰把教堂的纪念性推到顶峰。高迪本人即安葬在圣家族大教堂的地下墓室中。

上海当代艺术馆文献展：梦蝶

2008年9月9日至11月31日，第二届上海当代艺术馆文献展（Shanghai MoCA Envisage）——《梦蝶》将公开展出。从第一届的《入境》到今年的《梦蝶》，当代艺术文献展立足于"中国的身份"来思考，什么才是中国的当代艺术。中国文化从来不是单一或停滞不前的，如何在文献展中体现出中国传统的以及当代的形象成为最主要的命题。上海当代艺术馆的文献双年展将持续探讨中国的历史和过往的身份如何反映于今天新中国的创作领域之中，最后借以深入理解当下的中国当代艺术现况，同时大胆地预策未来的某些发展。

展出地点：上海当代艺术馆 MoCA Shanghai
策展人：陆蓉之、潘晴、柳淳风
上海当代艺术馆馆内策展人：斐丹娜

2008 第四届上海设计双年展

2008年9月18日，在上海展览中心友谊会堂，第四届上海设计双年展将隆重开幕。今年上海设计双年展的主题是"激发创意热情，创造设计价值"，在"设计，让生活更美好的"口号下，使2008第四届上海设计双年展具有更丰富的内涵和更重要的社会价值。

参与本次展览的专家委员会成员有：法国工业设计署（APCI）的主席及创始人Anne Marie BOUTIN，米兰大学工业设计系客座教授、建筑师Alberto Cannetta，建筑学博士、同济大学建筑系系主任、博导常青教授，上海市知识产权局党委书记、局长陈志兴以及来自各大建筑设计类高校、著名建筑设计单位和参展厂商的教授和主管，共计44位。

相信今年的设计双年展将会给设计师和观众带来不同于以往的体验。

佛莱格（FLAG）登陆上海

2008年7月31日，"佛莱格（FLAG）"首场品牌发布会在"筑园"举行。发布会上，佛莱格将旗下高端子系列产品现身旗舰店，把原滋原味的意大利经典设计献给到场来宾。"佛莱格（FLAG）"在沪上的第一家品牌旗舰店别具匠心地选择落户于宜山路"筑园"时尚建材创意园区。佛莱格（FLAG）是意大利家居品牌的一面"旗帜"。首场品牌体验展出的佛莱格（FLAG）产品选用来自世界各地上等的天然原石，在产品设计上，佛莱格（FLAG）全部起用意大利专业设计团队，每件产品皆全程运用手工精雕细琢而成。在谈到品牌内涵的时候，佛莱格（FLAG）中国区董事刘先生这样描述道这个意大利经典传奇的其中寓意："经典中不乏时尚元素的F（FASHION）；处处流露人性关爱的L（LOVE）；充现现代美学艺术感的A（ART）；象征内敛而又不失高贵的意大利精神传承的G（GENERATION），四个字母正好构成了佛莱格（FLAG）。"

"青年艺术家推介展"
——2008上海艺术博览会主题展项目

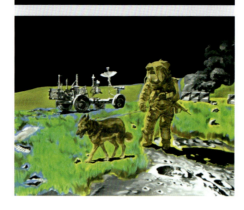

2008（第十二届）上海艺术博览会将于9月10日至14日在上海世贸商城举行。届时在世贸商城三楼的东厅隆重推出的主题展项目——"上海艺博会青年艺术家推介展"，将再次成为本届上海艺术博览会中令人瞩目的焦点。创办于2006年的"青年推介展"经过三年的打造，品牌效应已经初步凸现，不仅为艺博会增添了浓郁的学术气息，还将活动的整体水准推向了一个新的高度。

推介展由冯博一、李晓峰、杨卫、谭天、郑娜、于艾君、谢海，共7位著名评论家、策展人主持，向公众全力推介了40多位全国范围内的青年艺术精英。

喜玛拉雅中心地下工程结构完工

2008年7月19日星期六，坐落于上海浦东的喜玛拉雅中心工地内，一片欢腾，这里正在举行地下工程结构完工庆典。这标志着喜玛拉雅中心开始进入紧张的地上工程建设阶段，不久，喜玛拉雅中心就将屹立在上海的浦东。坐落于上海浦东的喜玛拉雅中心项目，毗邻上海新国际博览中心，地铁七号线站点出口直达。是由证大集团前期投资逾20亿人民币，精心打造的占地超过28893m²，总建筑面积162270m²的当代中国文化创意产业的综合商业地产项目。由五星级酒店和超五星精品酒店、证大新美术馆、多功能展演厅、商业中心、创意办公室五大业态共同组成。

整体建筑由国际著名建筑大师矶崎新主持设计（获得日本建筑学会奖、年鉴奖、每日艺术奖；英国皇家建筑师学会金奖；美国艺术文学学院的阿诺得布鲁纳纪念奖；威尼斯建筑双年金狮子奖；西班牙公民功劳勋章大十字奖等国际建筑界的最高奖项，是国际建筑界"后现代"建筑运动的代表人物和公认的大师级人物）；室内空间由国际著名室内设计师Khuan Chew担纲（迪拜著名的帆船酒店的主设计师）。该项目的诞生花了近五年时间，全球众多著名建筑师参与前期设计比稿，将于2008年底整体结构封顶；2009年进入内部装修阶段；2009年底整体竣工验收；2010年初投入试营业。

第十四届中国国际家具展

第十四届中国国际家具展将于2008年9月10日至13日在上海新国际博览中心举行。这是亚洲规模最大、门类最齐全的家具盛宴，由中国家具协会及上海博华国际展览有限公司共同联手打造。展会分为六大分主题，从民用家具、办公家具、家居饰品、橱柜家具、到家具生产设备及原辅材料。这是专业展览公司实行贸易服务延伸的一种有益尝试，在此项活动期间，参与的专业家具展商、独立旗舰店将同时展示新品，配备精致的洽谈氛围和购物环境。

五角大楼911纪念地开放

五角大楼纪念地9月11日开放。它是由费城的Kaseman Beckman Advanced Strategies(KBAS)设计的，用184座悬臂的板凳组成，代表着2001年9月11日在此遇难的受害者。这个纪念地位于五角大楼的西草坪，靠近被劫持的飞机撞击大楼的地点。

KBAS是在2003年的国际竞赛上赢得设计权的。其创始人Beckman说："我们的设计概念就是创造一座真正不同与其他纪念地的场所，因为这个日子是我们从来没有经历过的。我们强调个性，也强调集体性。"

每一条铸钢板凳的悬臂顶部都镌刻了一位遇难者的姓名。每一条板凳下面还有一个小小的水池。夜晚，水池边缘的灯光照亮时，从板凳下方营造出淡淡的光芒。这个纪念地的造价是2200万美元，五角大楼纪念地基金会计划另外筹集1000万美元用于永久性的维护。这座纪念地将每天24小时向公众开放。

Gareth Hoskins 设计威尼斯双年展苏格兰展台

Gareth Hoskins设计了威尼斯双年展上的苏格兰展台，这是苏格兰第一座特意为威尼斯双年展设计的展览空间，取名为"聚集空间"（Gathering Space）。这座7m高的站台用苏格兰落叶松建造，靠近威尼斯火车站外圣地亚哥·卡拉特拉瓦设计的新桥。Hoskins战胜了其他50多家事务所，取得了设计权。展台造价10万英镑，主要来自苏格兰政府的拨款，不过其中2.5万英镑来自于捐款。

巴黎艺术设计展开幕

巴黎艺术设计展在继广州展览结束后于9月16日正式移师上海最新创意地标——1933设计创意中心。本次展览由唯品设计主办，法国驻上海总领事馆和上海1933设计创意中心联合协办。展览将持续三周至10月6日结束，开放时间为每日早上10点到晚上7点，免费向公众开放。

本次艺术展以"参照物"为主题，是近年来中国内地展品数量较多、展出规模较大的巴黎艺术设计展。策展大师Cédric Morisset、Monica Sendra和Hélène Convert将联袂为申城献上一出来自法兰西的创意和设计大戏。展出作品中云集了Philipe Starck、Laurence Brahant和Pierre Gonalons等20多名巴黎当今最出色和最具创新意识的设计师之手的60多件设计作品。

"ART FOR THE MASSES" ART TOYS 大陆地区首次发布

2008年9月9日,位于外滩五号的设计共和旗舰店举行了ART FOR THE MASSES国内首次新闻发布会。ART TOYS首次把昂贵的当代艺术用轻松可爱的公仔来表现,邀请中国当代五位最知名的艺术家:岳敏君、周春芽、刘野、周铁海,把他们的经典作品形象第一次由2D平面转变为3D立体。设计团队PPONE加入了众多当代流行的视觉及文化语系于其中,每位艺术家也都参与并严格把关;同时,国际最知名的公仔设计大师Kaws也邀请加盟。"ART FOR THE MASSES" ART TOYS全球限量发行100套,而中国大陆地区限量30套,每套限量作品都附有艺术家亲笔签名的保证书及编号,倍具收藏价值。每套"ART FOR THE MASSES" ART TOYS的售价不低于一万美金。

"金指环"演绎生活高度

自2008年4月至2008年10月,"金指环"主办方携手"鹰牌陶瓷"在武汉、广州、上海、成都、温州、深圳六个城市展开中国区大规模的路演推广。日前,上海站路演在金茂大厦以"高度"为主题的长三角精英室内设计师经典作品赏析会举行,"鹰牌陶瓷"得到当地不同流派、不同风格的室内设计师的追捧。热衷选用鹰牌陶瓷的设计师们一致认为,鹰牌陶瓷追求的是阐释品质核心及美学上的主题,技术高度与美学高度的同步升华,把技术层面的创造力向美学层面的创造力转化,鹰牌陶瓷的产品可用"硬"和"炫"两个词来表达其独具的特质。"硬",是品质高度,诉求的是鹰牌陶瓷瓷质砖产品的核心品质观,而用"炫"更强调视觉效果的多变、塑造个性独特的前卫空间及当代人文审美的高度。

"金指环"是国际室内设计师职业生涯最高专业界别身份象征,全球各地2007年6月~2008年8月完成的室内设计工程项目可参评,按照商业、企业、酒店、会所、住宅、餐饮/娱乐、学院、展览、样板房等类别设置奖项。中国建陶行业领军品牌"鹰牌陶瓷"继产品荣获国家体育馆、奥林匹克水上公园、奥运全职训练中心等2008年北京奥运三大主要的体育场馆选用之后,作为中国建陶行业唯一当选品牌成为"金指环"的全球合作伙伴。"金指环——2008国际室内设计大奖"以其独有的高规格、国际化吸引着众多设计师的参与。

上海双年展国际学生展

2008上海双年展学生展,以"快城快客"为主题,主要对当前世界出现的城市化现象进行深入思考,关注城市生存发展的状况,人口流动及随即而来的问题,情绪及机遇,探讨设计在此过程中可以或是应该扮演的角色。本次展览面向艺术设计、建筑、规划、景观等相关专业,吸引了国内外为数众多的顶尖设计院校提交设计作品。

本次展览的专集《快城快客2008上海双年展国际学生展作品选》已由中国建筑工业出版社出版。

Peter Zumthor获20th高松宫殿下纪念世界文化赏建筑奖

2008年第20届"高松宫殿下纪念世界文化赏"(Praemium Imperiale)建筑奖于9月16日颁给了瑞士建筑师Peter Zumthor,他将可获得1500万日圆的奖金。

由日本艺术协会自1980年设立的"高松宫殿下纪念世界文化赏"涵盖绘画、雕刻、建筑、音乐、戏剧电影等五个领域,而其中的建筑奖,就评审方式与颁奖典礼的隆重程度而言可与普里兹克奖相提并论。

Peter Zumthor 1943年生于瑞士,最为脍炙人口的作品包括位于瑞士vals的温泉旅馆、奥地利Bregenz的艺术博物馆,以及去年完工位于德国Cologne的现代艺术博物馆。他的建筑存在一种内省的特质,重视材料、构造与细部的理解,真实的面对材料特性、感官性等建筑本质。而其构造形式则来自他所坚持的"custom made architecture"理念,强调建筑要与基地环境相融合,回应自然环境与满足建筑机能。

雷姆·库哈斯在纽约设计摩天住宅楼

雷姆·库哈斯的OMA公布了其在纽约设计的第一座摩天住宅楼图片。这座被称作"躲躲猫"式(peek-a-boo:一种把脸一隐一现逗小孩的游戏)的建筑高107m,有24层,靠近麦德逊广场公园,并悬垂之上9m高。这座建筑里将容纳18套豪华公寓,并和隔壁的One Madison Park大厦分享主大厅、水池和体育馆。这两个项目的开发商都是Slazer公司。库哈斯说:"以传统纽约景观为背景,这座建筑既让人熟悉又别具特色,人们每上一个台阶都能发现不曾预料的片段。"这座摩天楼计划于2010年完成。

2008亚太室内设计双年大奖赛

2008年8月5日,由中国建筑学会室内设计分会主办,东鹏国际建材赞助承办的亚太室内设计双年大奖赛苏南分赛区暨"星空间"江苏省室内设计大奖赛、东鹏国际建材杯——"江南之韵"室内设计大赛启动仪式在无锡凯宾斯基饭店隆重举行。启动仪式及同期高峰论坛由国内著名室内设计师宋微微主持,包括苏州金螳螂总设计师王琼、来自杭州的知名室内设计师陈耀光在内的国内知名设计师悉数到场祝贺。台湾著名室内设计师黄书恒、意大利著名建筑师、室内设计师盖天柯、美籍华裔建筑摄影大师Steve Mok等行业专家纷纷致贺词并做了精彩的演讲。

RMJM:北京奥林匹克国家公园会议中心

7月25日,北京奥运会公园大道上四个主要场馆之一,北京奥林匹克国家公园会议中心内的媒体中心开始24小时全面运转。

国家会议中心由总部设在苏格兰的世界知名建筑设计公司RMJM设计,结构简单而经典,屋顶部分还汲取了中国传统屋檐的建筑元素。设计充分利用自然因素节能,整个建筑具有较高的热功效能。同时,考虑到最大投资回报率和赛后商业发展能力。其22万平方米的主建筑将于2009年作为国家会议中心重新开幕。

此外,国家会议中心综合建筑还是奥运会、残奥会的击剑及现代五项手枪比赛场馆。与多功能综合楼相连的酒店在奥运会期间用于接待来访的媒体。

上海环球金融中心落成启用

位于上海市浦东新区陆家嘴地区,凝聚了中国建筑工程总公司—上海建工(集团)总公司SWFC项目总承包联合体精湛的建筑施工技术能力;美国KPF建筑师事务所、赖思理·罗伯逊联合股份有限公司(LERA)以及上海现代建筑设计(集团)有限公司、华东建筑设计研究院有限公司高超的建筑与结构设计能力;森大厦株式会社成熟的策划及运营管理能力的超高层综合大厦"上海环球金融中心"(Shanghai World Financial Center)于8月28日正式宣布落成启用。该中心拥有能够满足跨国企业需求的先进办公设施,世界最高的观光厅(地面高度达474m),上海柏悦酒店,多功能会议设施,以及传播最新的经济、金融、文化及艺术等信息的文化传媒中心和商业设施等,彰显出集商务、文化和观光功能于一体的魅力。

伦敦设计节拉开序幕

2008年度的伦敦设计节于9月13日拉开序幕。

伦敦设计节(London Design Festival)始于2003年,每年举办一届,力图全面地反映当代英国的设计,因此每年的伦敦设计节都会包含数个顶级设计展览和设计论坛。由创意伦敦和伦敦发展机构发起的设计节旨在推动和发展伦敦乃至英国的创意产业。作为一个富有活力的设计都市,伦敦的设计界将通过展览、讲座、研讨、晚会、网络交流、放映和贸易展等多种形式参与设计节。其中,展示的设计内容从建筑到纺织,从陶艺到特殊效果,时尚、创意写作、室内设计、家具设计、产品设计、绘画设计等包罗万象。在伦敦的世界级设计机构也是这个大都市的主干力量之一。英国零售业和商业的年轻设计者也将展示专题展示商业、制造业与设计的巧妙融合与创新。

上海空间美学馆揭幕

2008年9月18~20日,上海空间美学馆盛大揭幕,并携Cassina、Flos、Zanotta、Ceccotti、Acerbis、Extremis、Brand van Egmond、Limited Edition、Danese、Santambrogio等众多欧洲顶级文化性家具、家饰品牌隆重发布。

来自台湾的设计师兼艺文学者身份的林宪能先生携其经营多年的欧洲顶级文化性家具、家饰品牌,创立了上海空间美学馆。馆内辟有展示各文化性品牌产品的生活展示区;展示现代大师(如柯布西耶、莱特、麦金托什等)经典设计作品的博物馆区;艺文活动及展览区为各类建筑、设计、艺术、文化、时尚类活动及展览提供场地支持。此外,空间美学馆还同时与李玮珉建筑师事务所、井画廊等其他艺术文化类空间相结合。流畅灵动的空间规划,提供全新的家居美学理念;完善互补的功能性组合,串联起极具震撼力的文化艺术空间。

LaGoo! CHINA
Lagoo中国网旗下网站

中国室内设计人才网
中国首个室内设计行业专业人才招聘网

http://www.idhr.com.cn
email: idhr@lagoo.com.cn
msn: lagooedit@hotmail.com
tel: 021-51086176
fax: 021-68547449

金羊奖-2008年度中国十大室内设计师评选活动
CHINA TOP 10 INTERIOR DESIGNER AWARDS 2008(JINYANG PRIZE)

《Domus 国际中文版》成立两周年

DOMUS CHINA
2nd
ANNIVERSARY

更多信息，请登录：
www.domuschina.com

免费订阅热线
400-610-1383

联系人：刘先生
电话：139 1093 3539
E-mail: liuming@opus.net.cn

免费上门订阅服务
北京：010 6406 1553　136 0136 0427 刘负
上海：021 6355 2829转28
广州：020 8732 2965转805

广告热线
电话：010 8404 1105转153
E-mail: mwang@domuschina.com

CONTEMPORARY ARCHITECTURE INTERIORS DESIGN ART

渡 影 视 觉
Pdoing Vision

胡文杰 / 美国《室内设计》中文版首席特约摄影师,建工出版社《室内设计师》签约摄影师　　M:13916236532　E:huwenkit@163.com

我们同样有着设计教育的背景 / 打造一个设计对话设计的视觉平台 / 提供以设计为特色的空间摄影、空间影像的专业服务
我们通过影像的再创造 / 为设计理念插上视觉的翅膀 / 飞得更快更高更远